中国科学院战略性先导科技专项(XDA05060600)项目资助

中国主要重大生态工程固碳量评价丛书

京津风沙源治理工程固碳速率和潜力研究

张万军　逯　非　刘秀萍　曹建生　周旺明　郝小华等　著

科学出版社

北　京

内 容 简 介

本书介绍了京津风沙源治理工程的区域概况及其固碳速率和潜力的研究内容与方法，建立了林分碳密度-林龄异速生长模型，构建了基于CBM-CFS3的京津风沙源治理工程碳储量估算模型，估算了京津风沙源治理工程植被和土壤碳密度、碳汇增量、固碳速率和潜力，分析了不同工程措施固碳效益，探讨了不同管理措施对京津风沙源治理工程森林植被碳储量的影响，提出了提升京津风沙源治理工程固碳效应的管理对策与措施。

本书可为生态学、森林和灌草生态系统碳循环等研究领域的科技人员提供关于生态工程固碳速率与固碳潜力的评估及认证方法、固碳效应的管理对策与措施等方面的参考资料，为应对未来气候变化和发展我国的碳汇林业、碳汇农业和碳汇草业提供技术与数据支撑。

审图号：GS 京(2022)1360 号

图书在版编目(CIP)数据

京津风沙源治理工程固碳速率和潜力研究 / 张万军等著. —北京：科学出版社，2022.11

(中国主要重大生态工程固碳量评价丛书)

ISBN 978-7-03-073888-2

Ⅰ.①京… Ⅱ.①张… Ⅲ.①植被-碳-储量-应用-沙漠治理-研究-华北地区 Ⅳ.①Q948.15

中国版本图书馆 CIP 数据核字（2022）第 219820 号

责任编辑：张　菊 / 责任校对：胡小洁

责任印制：吴兆东/ 封面设计：无极书装

科学出版社 出版

北京东黄城根北街 16 号

邮政编码：100717

http://www.sciencep.com

北京中科印刷有限公司 印刷

科学出版社发行　各地新华书店经销

*

2022 年 11 月第　一　版　开本：720×1000　1/16

2023 年 2 月第二次印刷　印张：11 1/4

字数：230 000

定价：138.00 元

（如有印装质量问题，我社负责调换）

“中国主要重大生态工程固碳量评价丛书”编委会

丛 书 序 一

气候变化已成为人类可持续发展面临的全球重大环境问题，人类需要采取科学、积极、有效的措施来加以应对。近年来，我国积极参与应对气候变化全球治理，并承诺二氧化碳排放力争于2030年前达到峰值，努力争取2060年前实现碳中和。增强生态系统碳汇能力是我国减缓碳排放、应对气候变化的重要途径。

世纪之交，我国启动实施了一系列重大生态保护和修复工程。这些工程的实施，被认为是近年来我国陆地生态系统质量提升和服务增强的主要驱动因素。在中国科学院战略性先导科技专项及科学技术部、国家自然科学基金委员会和中国科学院青年创新促进会相关项目的支持下，过去近10年，中国科学院生态环境研究中心、中国科学院沈阳应用生态研究所等多个单位的科研人员针对我国重大生态工程的固碳效益（碳汇）开展了系统研究，建立了重大生态工程碳汇评价理论和方法体系，揭示了人工生态系统的碳汇大小、机理及区域分布，评估了天然林资源保护工程，退耕还林（草）工程，长江、珠江流域防护林体系建设工程，退牧还草工程和京津风沙源治理工程的固碳效益，预测了其未来的碳汇潜力。基于这些系统性成果，刘国华研究员等一批科研人员总结出版了“中国主要重大生态工程固碳量评价丛书”这一重要的系列专著。

该丛书首次通过大量的野外调查和实验，系统揭示了重大生态工程的碳汇大小、机理和区域分布规律，丰富了陆地生态系统碳循环的研究内容；首次全面、系统、科学地评估了我国主要重大生态建设工程的碳汇状况，从国家尺度为证明人类有效干预生态系统能显著提高陆地碳汇能力提供了直接证据。同时，该丛书的出版也向世界宣传了中国在生态文明建设中的成就，为其他国家的生态建设和保护提供了可借鉴的经验。该丛书中的翔实数据也为我国实现“双碳”目标以及我国参与气候变化的国际谈判提供了科学依据。

谨此，我很乐意向广大同行推荐这一有创新意义、内容丰富的系列专著。希望该丛书能为推动我国生态保护与修复工程的规划实施以及生态系统碳汇的研究发挥重要参考作用。

北京大学教授

中国科学院院士

2022 年 11 月 20 日

丛书序二

生态系统可持续性与社会经济发展息息相关，良好的生态系统既是人类赖以生存的基础，也是人类发展的源泉。随着社会经济的快速发展，我国也面临着越来越严重的生态环境问题。为了有效遏制生态系统的退化，恢复和改善生态系统的服务功能，自 20 世纪 70 年代以来我国先后启动了一批重大生态恢复和建设工程，其工程范围、建设规模和投入资金等方面都属于世界级的重大生态工程，对我国退化生态系统的恢复与重建起到了巨大的推动作用，也成为我国履行一系列国际公约的标志性工程。随着国际社会对维护生态安全、应对气候变化、推进绿色发展的日益关注，这些生态工程将会对应对全球气候变化发挥更加重大的作用，为中国经济发展赢得更大的空间，在世界上产生深远的影响。

在中国科学院战略性先导科技专项及科学技术部、国家自然科学基金委员会和中国科学院青年创新促进会等相关项目的支持下，中国科学院生态环境研究中心、中国科学院沈阳应用生态研究所、中国科学院水利部水土保持研究所、中国科学院武汉植物园、中国科学院地理科学与资源研究所、中国科学院遗传与发育生物学研究所农业资源研究中心等单位的研究团队针对我国重大生态工程的固碳效应开展了系统研究，并将相关研究成果撰写成“中国主要重大生态工程固碳量评价丛书”。该丛书共分《重大生态工程固碳评价理论和方法体系》、《天然林资源保护工程一期固碳量评价》、《中国退耕还林生态工程固碳速率与潜力》、《长江、珠江流域防护林体系建设工程固碳研究》、《京津风沙源治理工程固碳速率和潜力研究》和《中国退牧还草工程的固碳速率和潜力评价》六册。该丛书通过系统建立重大生态工程固碳评价理论和方法体系，调查研究并揭示了人工生态系统的固碳机理，阐明了固碳的区域差异，系统评估了天然林资源保护工程，退耕还林（草）工程，长江、珠江流域防护林体系建设工程，退牧还草工程和京津风沙源治理工程的固碳效益，预测了其未来固碳的潜力。

该丛书的出版从一个侧面反映了我国重大生态工程在固碳中的作用，不仅为我国国际气候变化谈判和履约提供了科学依据，而且为进一步实现我国“双碳”战略目标提供了相应的研究基础。同时，该丛书也可为相关部门和从事生态系统固碳研究的研究人员、学生等提供参考。

中国科学院院士

中国科学院生态环境研究中心研究员

2022 年 11 月 18 日

丛书序三

2030年前碳达峰、2060年前碳中和已成为中国可持续发展的重要长期战略目标。中国陆地生态系统具有巨大的碳汇功能，且还具有很大的提升空间，在实现国家“双碳”目标的行动中必将发挥重要作用。落实国家碳中和战略目标，需要示范应用生态增汇技术及优化模式，保护与提升生态系统碳汇功能。

在过去的几十年间，我国科学家们已经发展与总结了众多行之有效的生态系统增汇技术和措施。实施重大生态工程，开展山水林田湖草沙冰的一体化保护和系统修复，开展国土绿化行动，增加森林面积，提升森林蓄积量，推进退耕还林还草，积极保护修复草原和湿地生态系统被确认为增加生态碳汇的重要技术途径。然而，在落实碳中和战略目标的实践过程中，需要定量评估各类增汇技术或工程、措施或模式的增汇效应，并分层级和分类型地推广与普及应用。因此，如何监测与评估重大生态保护和修复工程的增汇效应及固碳潜力，就成为生态系统碳汇功能研究、巩固和提升生态碳汇实践行动的重要科技任务。

中国科学院生态环境研究中心、中国科学院沈阳应用生态研究所、中国科学院水利部水土保持研究所、中国科学院武汉植物园、中国科学院地理科学与资源研究所和中国科学院遗传与发育生物学研究所农业资源研究中心的研究团队经过多年的潜心研究，建立了重大生态工程固碳效应的评价理论和方法体系，系统性地评估了我国天然林资源保护工程，退耕还林（草）工程，长江、珠江流域防护林体系建设工程，退牧还草工程和京津风沙源治理工程的固碳效益及碳汇潜力，并基于这些研究成果，撰写了“中国主要重大生态工程固碳量评价丛书”。该丛书概括了研究集体的创新成就，其撰写形式独具匠心，论述内容丰富翔实。该丛书首次系统论述了我国重大生态工程的固碳机理及区域分异规律，介绍了重大生态工程固碳效应的评价方法体系，定量评述了主要重大生态工程的固碳状况。

巩固和提升生态系统碳汇功能，不仅可以为清洁能源和绿色技术创新赢得宝贵的缓冲时间，更重要的是可为国家的社会经济系统稳定运行提供基础性的能源安全保障，将在中国“双碳”战略行动中担当“压舱石”和“稳压器”的重要作用。该丛书的出版，对于推动生态系统碳汇功能的评价理论和方法研究，对于基于生态工程途径的增汇技术开发与应用，以及该领域的高级人才培养均具有重要意义。

值此付梓之际，有幸能为该丛书作序，一方面是表达对丛书出版的祝贺，对作者群体事业发展的赞许；另一方面也想表达我对重大生态工程及其在我国碳中和行动中潜在贡献的关切。

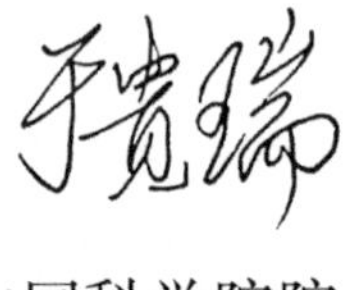

中国科学院院士

中国科学院地理科学与资源研究所研究员

2022 年 11 月 20 日，于北京

前　言

近些年来，京津乃至华北地区多次遭受沙尘暴袭击，尤其是2000年春季，华北地区连续多次发生沙尘暴、浮尘和扬沙天气，其频率之高、范围之广、强度之大，自1950年以来罕见，首都北京也受到较大影响。一时间，扬沙、浮尘等专业术语成为热门词语，引起了党中央和国务院的高度重视，备受社会关注。国务院于2000年春季多次召开会议进行研究讨论，国务院领导听取国家林业局对京津冀周边地区防沙治沙相关工作思路汇报后，朱镕基总理等亲临河北、内蒙古考察治沙工作，并作出重要指示，要求加快防沙治沙的步伐，特别是要加快北京及周边地区防沙治沙速度。2002年3月，国务院正式批准了由国家林业局牵头编制的《京津风沙源治理工程规划（2001~2010年）》。

工程总目标是通过对现有植被的保护、封沙育林、飞播造林、人工造林、退耕还林、草地治理等生物措施和小流域综合治理等工程措施，使工程区可治理的沙化土地得到基本治理，生态环境明显好转，风沙天气和沙尘暴天气明显减少，从总体上遏制沙化土地的扩展趋势，使北京周围生态环境得到明显改善。此外，该工程对京津风沙源地区的固碳具有重要作用，但是其固碳能力和效应长期以来未受到足够的重视。

由刘国华研究员为首席科学家主持的“国家重大生态工程固碳量评价”项目（XDA05060000）作为中国科学院战略性先导科技专项项

目于2011年启动，以我国退耕还林（草）工程，天然林资源保护工程，“三北”防护林体系建设工程，京津风沙源治理工程，长江、珠江流域防护林体系建设工程及退牧还草工程等生态工程为研究对象，深入开展重大生态工程固碳速率和固碳潜力的研究。本书主要基于张万军研究员主持的该项目第六课题“京津风沙源治理工程固碳速率和潜力研究”（XDA05060600）的总结，并根据中国科学院青年创新促进会优秀会员项目（Y201711）和国家自然科学基金项目（71874182）等研究项目的成果对本书进行了补充完善。本书围绕京津风沙源治理工程区森林生态系统的固碳速率和潜力评估这一科学问题，系统介绍了京津风沙源治理工程森林生态系统植被和土壤固碳速率研究方法，估算了京津风沙源治理工程区森林生态系统植被和土壤碳储量，分析不同工程措施固碳效益，探讨了不同管理措施对京津风沙源治理工程森林植被碳储量的影响，这些研究结果可以供相关部门和领域交流与相互借鉴。希望本专著的出版能为进一步开展重大生态工程生态系统服务功能评估研究提供理论基础和技术支持。

全书由张万军研究员主持编写并统稿。其中，第1章由张万军执笔；第2章由逯非、沈会涛执笔；第3章由刘秀萍、曾歆花执笔；第4章由刘秀萍、常建国执笔；第5章由曹建生、郝小华执笔；第6章由张滨、周旺明执笔；第7章由赵昕执笔。

由于研究的阶段性及水平限制，关于京津风沙源治理工程区森林生态系统固碳速率与潜力的研究还有待深入。本书疏漏之处在所难免，敬请广大读者批评指正。

作　者

2022年11月

目　录

第1章　绪　论

近些年来，京津乃至华北地区多次遭受沙尘暴袭击，尤其是2000年春季，华北地区连续多次发生沙尘暴、浮尘和扬沙天气，其频率之高、范围之广、强度之大，自1950年以来罕见，首都北京也受到较大影响。一时间，扬沙、浮尘等专业术语成为热门词语，引起了党中央和国务院的高度重视，备受社会关注。国务院于2000年春季多次召开会议进行研究讨论，国务院领导听取国家林业局对京津冀周边地区防沙治沙相关工作思路汇报后，朱镕基总理等亲临河北、内蒙古考察治沙工作，并做出重要指示，要求加快防沙治沙的步伐，特别是要加快北京及周边地区防沙治沙速度。2000年10月，党的十五届五中全会进一步提出抓紧环京津生态圈工程建设。为贯彻党的十五届五中全会精神及国务院领导的相关指示，改善和优化京津及其周边地区生态环境，减轻风沙危害，原国家林业局牵头，会同原农业部、水利部及北京、天津、河北、山西及内蒙古五省（自治区、直辖市）人民政府共同组织编制了《2001～2010年环北京地区防沙治沙工程规划》。2002年3月，国务院正式批准了由国家林业局牵头编制的《京津风沙源治理工程规划（2001～2010年）》，这是我国防沙治沙的一大骨干工程进入全面实施阶段的标志。工程总目标是通过对现有植被的保护、封沙育林、飞播造林、人工造林、退耕还林、草地治理等生物措施和小流域综合治理等工程措施，使工程区可治理的沙化土地得到基本治理，生态环境明显好转，风沙天气和沙尘暴天气明显减少，从总体上遏制沙化土地的扩展趋势，使北京周围生态环境得到明显改善。建设内容主要包括营林造林、草地治理、水利配套设施建设和小流域综合治理几方面。该工程对京津风沙源地区的固碳具有重要作用，但是其固碳能力和效应长期以来未受到足够的重视。京津风沙源治理工程是一项综合性的防沙治沙工程，从工程治理措施、建设内容、投资政策、工程组织与管理等多方面体现了工程建设的综合性。该工程建设期为10年，即2001～2010年，经国务院批准，工程延期至2012年。

1.1 京津风沙源治理工程区域概况

1.1.1 自然地理状况

工程区内总土地面积45.8万km^2，沙化土地面积10.18万km^2。工程区西起内蒙古达尔罕茂明安联合旗（简称达茂旗），东至河北平泉市，南起山西代县，北至内蒙古东乌珠穆沁旗，地理坐标为109°30′E～119°20′E、38°50′N～46°40′N，范围涉及北京、天津、河北、山西及内蒙古五省（自治区、直辖市）的74个县（旗、市、区），如图1-1所示。

1）地形地貌

工程区地貌包括三个部分，分别为平原、山地、高原三部分。京津市区为海河平原的一部分，其西部、西北、北部被山地环绕，山地

图 1-1　京津风沙源治理工程区示意图

外侧为高原。其中部为沙漠化土地广泛分布的高平原，西部由丘陵和地势平缓的凹陷地带及横贯东西的石质丘陵隆起带组成，境内多为干河床或者古河道，无常年流水的河流。

2）气候条件

工程区气候复杂，共包含五个气候大区，分别为暖温带半湿润大区、温带半湿润大区、温带半干旱大区、温带干旱大区、温带极干旱大区。工程区气温差异较大，年均气温为 7.5℃，京津地区气温较高，分别为 12℃、11.5℃，内蒙古阿巴嘎旗气温较低，为 0.6℃。平均年降水量为 459.5mm，全年降水分配不均匀，雨季降水大约占全年降水的 65%。东部平原地区的北京年均降水量为 595mm，天津为 536mm。工程区年蒸发量较高，平均为 2110mm，是年降水量的 4.9 倍。工程区平均全年大风日数为 36.2 天，内蒙古高原大风日数较多，为 57 天，其中锡林郭勒高平原和乌兰察布高平原最高，能达到80天以上，且大风日数的70%出现在春季。工程区生长期平均为145天，其中内蒙古的鄂尔多斯高原仅90天，而位于海河平原的天津地区为217天。

总体来说工程区气候干旱，热量偏低，多风。另外，由于工程区地貌单元复杂，不同区域气候特点差异颇大。工程区内西北部的内蒙古高原具有明显的温带大陆性气候特点，冬季受到高压冷气团控制，寒潮频繁发生，自东向西年均气温逐渐增加，而降水量由东向西逐渐减少，具有明显的干旱、半干旱气候特征，且多大风和沙尘暴天气，是工程区风沙的主要来源，同时也是生态治理的重点地区。东北部的燕山山地则由于坡度较大，地形雨较多，容易形成较大的地表径流，易发生水土流失。

3）土壤、植被

工程区土壤和植被受到错综复杂的自然条件的综合作用，具有较大的复杂性，类型较为复杂多变。内蒙古高原地带以黑钙土、栗钙土、棕钙土为主，其中栗钙土在该工程区内的分布占有绝对优势；燕山山地则以石灰土和石质土为主。内蒙古高原的天然植被以灌草植被为主，旱生小半灌木冷蒿（*Artemisia frigida*）所建群的草原群系也较常见，人工植被以阔叶乔木和旱生灌木为主，但分布不均；燕山山地及太行山北部山地天然植被以温带、暖温带落叶阔叶林为主，包括蒙古栎（*Quercus mongolica*）、辽东栎（*Quercus wutaishanica*）、栓皮栎（*Quercus variabilis*）等落叶栎类以及白桦（*Betula platyphylla*）、山杨（*Populus davidiana*）、榆树（*Ulmus pumila*）等小叶落叶树种，人工林则以油松（*Pinus tabuliformis*）为主，高海拔地带以落叶松（*Larix gmelinii*）为主。总体来看，人工植被的数量和质量均呈现出由东向西、由南向北的下降趋势，与降水量的分布较吻合。

1.1.2　社会经济状况

工程区 2000 年国内生产总值为 911.8 亿元，其中农业总产值占国内生产总值的 28.5%，农民年均收入为 2490.1 元。工程区总人口为 1957.7 万人，其中农牧业人口占总人口的 82.9%。工程区内汉族人口比例最高，蒙古族、满族等少数民族也占有一定比例，但是其在工程区内的分布不均匀，其中内蒙古蒙古族人口占总人口的 13.9%，而西乌珠穆沁旗等 4 个旗蒙古族人口占总人口的 50% 以上。

1.1.3　资源状况

工程区 2000 年土地总面积为 68 732.92 万亩①，其中林业用地面积为17 367.47 万亩，耕地面积为 6558.42 万亩，草场面积为 39 947.98 万亩，其他用地面积为 4859.05 万亩。工程区内沙化土地面积为 15 275.49 万亩，而可治理的面积占沙化土地面积的 99.3%。工程区内耕地面积为 6558.42 万亩，其中需要退耕的面积占总耕地面积的 30.7%。工程区内草场面积为 39 947.98 万亩。

工程区内 2000 年存栏大小畜 2950.59 万头（只），63% 分布于内蒙古，区内每公顷载畜量平均为 5.03 羊单位。其中内蒙古北方干旱草原治理区、内蒙古农牧交错带沙化治理区、浑善达克沙地治理区和河北燕山丘陵水源保护区载畜量分别为 0.83 羊单位、5.41 羊单位、2.95

① 1 亩≈666.7m^2。

羊单位和6.12羊单位。另外，工程区各处均存在牲畜严重超载现象，牲畜超载进一步加剧了植被的逆行演替，加速了土地沙化。

工程区2000年水资源总量为229.16亿m^3，人均3785.8m^3，耕地平均水量为6.1万m^3/hm^2。工程区内水资源开发利用分布不均匀，其中一些区域的水资源还有较大的开发潜力，不同区域地表水和地下水的开发程度存在一定差异。例如，内蒙古干旱草原区和浑善达克沙地地下水开发利用程度相对较低，而河北承德和张家口的部分地区就存在地下水严重超采的情况。山西项目区属于水资源匮乏区，境内可利用水资源有限，其水资源的开发以拦蓄天然降水为主，而北京市地表水开发程度较高，地下水超采严重。

1.2 京津风沙源治理工程建设概况

1.2.1 京津风沙源治理工程治理措施

京津风沙源治理工程采取以林草植被建设为主的综合治理措施。具体措施有：①林业措施，包括退耕还林3943.61万亩，其中退耕地造林2013万亩；匹配荒山荒地荒沙造林1931万亩；营造林7416万亩，其中，人工造林1962万亩、飞播造林2788万亩、封山育林2666万亩。②农业措施，包括人工种草2224万亩，飞播牧草428万亩，围栏封育4190万亩，基本草场建设515万亩，草种基地59万亩，禁牧8527万亩，建暖棚286万m^2，购买饲料机械23 100套。③水利措施，包括水源工程66 059处，节水灌溉47 830处，小流域综合治理

23 445km^2。生态移民 18 万人（余新晓等，2010）。

到2010年，对现有植被的保护、封沙育林、飞播造林、人工造林、退耕还林、草地治理等生物措施和小流域综合治理等工程措施，使工程区可治理的沙化土地得到基本治理，生态环境明显好转，风沙天气和沙尘暴天气明显减少，从总体上遏制了沙化土地的扩展趋势，使北京及周围生态环境得到明显改善。

1.2.2　京津风沙源治理工程建设的内容

1.2.2.1　工程内容与规模

项目建设期为 10 年，即 2001 ~ 2010 年，分两个阶段进行：2001 ~ 2005 年为第一阶段，2006 ~ 2010 年为第二阶段。在切实加强现有林草植被保护和管理的基础上，京津风沙源治理工程本着因地制宜、因害设防、宜乔则乔、宜灌则灌、宜草则草的原则和生物、工程措施相结合的方式进行建设，以实现区域生态环境的良性循环。建设内容分为造林营林、草地治理、水利配套设施建设和小流域综合治理几方面①。

1）造林营林

退耕还林：2001 ~ 2010 年退耕还林 3943.61 万亩，其中退耕 2012.57 万亩，荒山荒地荒沙造林 1931.04 万亩。退耕还林 5 年（2002 ~ 2006 年）完成，2002 ~ 2005 年退耕还林 3169.19 万亩，其中退耕 1600.19 万亩，荒山荒地荒沙造林 1569.00 万亩。

造林营林：2001 ~ 2010 年总规模 7416.19 万亩，其中人工造林

① 《京津风沙源治理工程规划（2001 ~ 2010 年）》。

1962.28 万亩，封山育林 2665.54 万亩，飞播造林 2788.37 万亩；2001 ~ 2005 年规模为 4848.54 万亩，其中封山育林 2665.54 万亩全部完成，飞播造林 2183.00 万亩，不安排人工造林。

在荒山荒地荒沙造林、营林的同时，大力营造农田、草场林网，其中农田裸露土地面积大，营造宽林带小网格林网；草场植被覆盖度大，营造宽林带大网格林网，以抵御风沙对农田、草场的侵袭。

种苗基地及设施建设。2001 ~ 2010 年种苗基地建设：示范基地 0.48 万亩；良种基地新建和改建 2.39 万亩；采种基地新建和改建 44.48 万亩；国有苗圃新建和改建 1.18 万亩。2001 ~ 2010 年设施建设：种子加工设施 27 套；种子常温库 16 座；种子质量监督检查站（室）新建和改建 30 处；种苗信息化建设 34 套。所有建设内容在 2001 ~ 2005 年全部完成。

2）草地治理

2001 ~ 2010 年草地治理总面积 15 941.70 万亩，建设暖棚 286 万 m^2，购买饲料机械 23 100 台（套）。其中人工种草 2223.50 万亩；飞播牧草 428.00 万亩；围栏封育 4190.00 万亩；基本草场建设 515.00 万亩；草种基地 58.50 万亩；禁牧 8526.7 万亩。2001 ~ 2005 年草地治理面积为 9011.54 万亩，建设暖棚 286 万 m^2，购买饲料机械 23 100 台（套）。其中人工种草 1232.64 万亩；飞播牧草 232.40 万亩；围栏封育 1901.60 万亩；基本草场建设 298.00 万亩；草种基地 35.20 万亩；禁牧 5311.70 万亩。

3）水利措施

2001 ~ 2010 年建立水源工程 66 059 处，节水灌溉 47 830 处，小流域综合治理 23 445 km^2；2001 ~ 2005 年建立水源工程 30 548 处，节水

灌溉 19 912 处，小流域综合治理 10 485.2km^2。

4）生态移民

2001 ~ 2010 年完成生态移民 18 万人，2002 ~ 2006 年完成生态移民 8 万人。

1.2.2.2　治理分区与布局

工程区东西横跨近 700km，南北纵跨约 600km；海拔从东南部的不足 50m 向西北方向急剧升高，至阴山山脉，升至 2000m 以上，然后向北又呈递降趋势，至二连浩特尚不足 1000m，悬殊的地貌类型形成不同的气候、土壤、植被地带。为了合理布局工程建设内容，依据生物气候带的分布规律和区域尺度的地貌类型差异，将建设区域划分为四个类型区和八个植被类型亚区，即北方干旱草原治理区（包括荒漠草原亚区、典型草原亚区）、浑善达克沙地治理区（包括浑善达克沙地亚区、大兴安岭南部亚区、科尔沁沙地亚区）、农牧交错带沙化治理区（包括农牧交错带草原亚区、晋北山地丘陵亚区）、燕山丘陵水源保护区。京津风沙源治理工程布局见图 1-1、表 1-1 和表 1-2。

表 1-1　京津风沙源区主要植被类型

治理区	亚区	常见植被类型
北方干旱草原治理区	荒漠草原亚区	荒漠草原
	典型草原亚区	针茅草原
		羊草草原
		冷蒿十百里香草原
		多根葱草原
		丘陵草原
		盐碱化草地
		退耕地

续表

治理区	亚区	常见植被类型
浑善达克沙地治理区	浑善达克沙地亚区	沙地疏林草原
		退耕地
	大兴安岭南部亚区	山地森林草原
	科尔沁沙地亚区	沙地疏林草原
		退耕地
农牧交错带沙化治理区	农牧交错带草原亚区	针茅草原
		荒漠草原
		沙地灌丛草原
		半流动沙地植被
		退耕地
	晋北山地丘陵亚区	灌丛
		人工封育林地
燕山丘陵水源保护区		灌丛
		小乔木+灌丛
		人工封育林地
		退耕地

资料来源：高尚玉等，2012

表 1-2　京津风沙源治理工程基本情况

治理区	亚区	经纬度	涉及旗（县、市、区）
北方干旱草原治理区	荒漠草原亚区	41°27′04″N ~ 45°04′31″N 109°16′19″E ~ 113°37′41″E	四子王旗、达茂旗、二连浩特市、苏尼特左旗、苏尼特右旗
	典型草原亚区	43°40′38″N ~ 46°46′05″N 113°36′58″E ~ 119°59′51″E	西乌珠穆沁旗、阿巴嘎旗、东乌珠穆沁旗、锡林浩特市
浑善达克沙地治理区	浑善达克沙地亚区	41°36′37″N ~ 44°12′03″N 112°36′14″E ~ 117°27′03″E	正镶白旗、镶黄旗、正蓝旗、多伦县、太仆寺旗、克什克腾旗
	大兴安岭南部亚区	41°17′17″N ~ 45°11′23″N 116°40′45″E ~ 120°05′59″E	喀喇沁旗、赤峰市松山区、林西县、巴林右旗、巴林左旗、宁城县
	科尔沁沙地亚区	41°41′48″N ~ 44°39′12″N 118°15′30″E ~ 120°58′40″E	阿鲁科尔沁旗、敖汉旗、翁牛特旗

续表

治理区	亚区	经纬度	涉及旗（县、市、区）
农牧交错带沙化治理区	农牧交错带草原亚区	40°20′41″N ~ 42°21′29″N 109°53′04″E ~ 116°04′10″E	化德县、商都县、兴和县、沽源县、康保县、尚义县、张北县、察哈尔右翼前旗、察哈尔右翼后旗、丰镇市、集宁区
	晋北山地丘陵亚区	38°51′26″N ~ 40°44′07″N 112°25′26″E ~ 114°30′32″E	天镇县、阳高县、大同县、大同市南郊区、新荣区、朔城区、浑源县、左云县、怀仁市、应县、山阴县、代县、繁峙县
燕山丘陵水源保护区		39°34′53″N ~ 42°37′43″N 113°54′21″E ~ 119°14′05″E	门头沟区、怀柔区、密云区、延庆区、平谷区、昌平区、蓟州区、宣化区、怀安县、怀来县、涿鹿县、阳原县、蔚县、承德县、丰宁满族自治县、围场满族蒙古族自治县、滦平县、隆化县、平泉市、宽城满族自治县、崇礼区、万全区、赤城县、张家口市郊区、下花园区、兴隆县
合计		38°51′26″N ~ 46°46′05″N 109°16′19″E ~ 120°58′40″E	74 个旗（县、区）

注：部分旗（县、区）全境属于某一亚区，部分旗（县、区）分属不同亚区

资料来源：高尚玉等，2012

1）北方干旱草原治理区

该区位于北京上风向的西部和西北部，包括内蒙古锡林郭勒盟、乌兰察布市、包头市等辖区 9 个旗（市），总人口 54.8 万人，人口密度 3.12 人/km^2。土地总面积 175 613km^2（26 342 万亩），沙化土地面积 4172.40 万亩，其全部可以治理。该区包括两个植被类型亚区，分别为荒漠草原亚区和典型草原亚区。其中，荒漠草原亚区地处干旱地带，涉及四子王旗、达茂旗、二连浩特市、苏尼特左旗、苏尼特右旗等旗（市），植被种类较少，集中于大科的程度较高，主要属于菊科、

禾本科、豆科、藜科、十字花科、蓼科、石竹科、唇形科和百合科等。本区植物区系中亚洲中部分布型和戈壁蒙古分布型的旱生草本与小半灌木占主导地位。主要建群种是一组特有的强旱生小型针茅，并含有一组强旱生小半灌木组成的特殊层片。地带性植物群落为小针茅荒漠草原，常见植物种有戈壁针茅（*Stipa tianschanica*）、沙生针茅（*Stipa caucasica*）、短花针茅（*Stipa breviflora*）、克氏针茅（*Stipa krylovii*）、沙生冰草（*Agropyron desertorum*）、羊草（*Leymus chinensis*）、冷蒿、小叶锦鸡儿（*Caragana microphylla*）、百里香（*Thymus mongolicus*）、猪毛菜（*Kali collinum*）、画眉草（*Eragrostis pilosa*）、狗尾草（*Setaria viridis*）等。典型草原亚区涉及西乌珠穆沁旗、阿巴嘎旗、东乌珠穆沁旗、锡林浩特市等旗（市），气候由东至西变化差异大，草原类型由东到西分布有贝加尔针茅草原、大针茅草原、羊草草原、百里香草原和多根葱草原（中国科学院内蒙古宁夏综合考察队，1985）。该亚区植物大多是典型的草原旱生植物，以多年生草本为主，兼有少数小半灌木及小灌木等。共有野生植物 91 科 452 属 1248 种，草原特征植物以菊科、禾本科、豆科、蔷薇科、黎科为主，常见植物种有克氏针茅、多根葱（*Allium polyrhizum*）、糙隐子草（*Cleistogenes squarrosa*）、黄囊薹草（*Carex korshinskyi*）、茵陈蒿（*Artemisia capillaris*）、菊叶委陵菜（*Potentilla tanacetifolia*）、茜草（*Rubia cordifolia*）、羊草、冠芒草（*Enneapogon borealis*）等。

存在的主要问题：本区是以牧为主的草原沙区，长期严重超载，草地沙化、退化严重。农牧民的生存环境受到很大的威胁。治理对策：强化草原管理，加强草场建设，改进牧业生产方式，把恢复植被雨水资源开发利用统筹考虑，以水定需，以草定需，扭转草原退化、沙化加剧的趋势。采取的主要治理措施：一是落实草原承包责任制，调动广大牧民的积极性。二是改良草场，培育优良高产牧草，实行以草定畜，实现草畜平衡。三是合理利用水资源，加大水利设施建设力度，发展浅井汲水灌溉和拦蓄集水工程，配套节水灌溉设施，大力发展节水型家庭草库轮牧草基地。推行围栏、轮牧、舍饲等措施，提高草场生产力。四是积极营造草原灌木林网和农田林网，保护牧场、农田免受风沙危害。

2）浑善达克沙地治理区

该区位于北京上风向的北部，包括内蒙古锡林郭勒盟和赤峰市辖区的 15 个旗（县、区），总人口 514 万人，人口密度 33.3 人/km^2。土地总面积 154 333km^2（23 150 万亩），沙化土地面积 7284.70 万亩，其全部可以治理。该区包括三种植被类型亚区，分别为浑善达克沙地亚区、大兴安岭南部亚区、科尔沁沙地亚区。浑善达克沙地亚区涉及正镶白旗、镶黄旗、正蓝旗、多伦县、太卜寺旗、克什克腾旗等旗（县），该亚区从西到东跨越荒漠草原、典型草原、草甸草原带，东邻大兴安岭山地，东南与燕山山地相接。沙地东端深入大兴安岭南段西麓，为草甸草原带，主要为森林和草甸植被，西端进入荒漠草原地带，主要为荒漠草原植被，中部广大地带为典型草原带，植被为典型草原。共有种子植物 84 科 402 属 1191 种，其中，裸子植物 3 科 6 属 13 种、被子植物 81 科 396 属 1178 种。以豆科、毛茛科、蔷薇科、莎草科为主，常见植物种有榆树、克氏针茅、大针茅（*Stipa grandis*）、冷蒿、糙隐子草、羊草、多叶棘豆（*Oxytropis myriophylla*）、展枝唐松草（*Thalictrum squarrosum*）、胡枝子（*Lespedeza bicolor*）、鸡冠茶（*Sibbaldianthe bifurca*）、斜茎黄芪（*Astragalus laxmannii*）等。大兴安岭南部亚区：位于暖温带落叶阔叶林向温带草原过渡的区域，具有山地森林草原特点。涉及喀喇沁旗、松山区、林西县、巴林右旗、巴林左旗、宁城县等旗（县、区），该区域内植物种类较为丰富，有植物146科631属1542种。常见植物种有白桦、蒙古栎、地榆（*Sanguisorba officinalis*）、虎榛子（*Ostryopsis davidiana*）、胡枝子、贝加尔针茅（*Stipa baicalensis*）、冷蒿、西伯利亚杏（*Armeniaca sibirica*）、裂叶蒿（*Artemisia tanacetifolia*）、华灰早熟禾（*Poa sinoglauca*）、菊叶委陵菜等（魏绍成等，1994；黄永梅等，2001）。科尔沁沙地亚区：涉及阿鲁科尔沁旗、敖汉旗、翁牛特旗等地区，该区域内植被多受沙漠化环境的变化影响，原有的森林草原、典型草原多演变为沙地疏林草原、沙地灌丛化草原、沙地典型草原和沙地草原。有种子植物及蕨类植物113科461属1112种，以菊科、禾本科、豆科、蔷薇科为主，野生植物种最多的是蒿属，其次是蓼属和薹草属。常见植物种有榆树、黄柳（*Salix gordejevii*）、小红柳（*Salix microstachya* var. *bordensis*）、小叶锦鸡儿、盐蒿（*Artemisia halodendron*）、冰草（*Agropyron cristatum*）、沙蓬（*Agriophyllum squarrosum*）、猪毛菜、狗尾草、冷蒿、糙隐子草等。

存在的主要问题：本区是以牧为主农牧结合的沙区，由于过牧、开垦、樵采等不合理人为活动的长期作用，灌草面积减少，草场退化，植被破坏严重，致使固定沙丘活化，流沙面积迅速增加。治理对策：在保护好现有林草植被基础上，固定活化沙丘，遏制沙地的活化趋势；加快草原建设，扩大林草植被。采取的主要治理措施：一是在沙丘重度活化地段，采用建设人工沙障与种植灌木林相结合的措施固定沙丘，改变地表环境，为发展人工草场创造条件。二是在沙丘轻度活化地区，通过飞播和人工种植、封育相结合的措施，恢复固沙能力强的灌草复合植被。三是在草原退化地区，积极保护和改良草场，增加草原植被，提高植被覆盖度。四是合理配置水资源，发展以水为中心的家庭草库轮牧建设，大力推广“种植一点，改良一块，保护一片”的治理模式。五是营造草场、农田林网，建设保护屏障。

3）农牧交错带沙化治理区

该区主要是指内蒙古阴山南北、山西雁北及河北坝上西部地区，具体包括内蒙古乌兰察布市，山西大同市、朔州市，河北张家口市等辖区的24个旗（县、市、区）。总人口525万人，人口密度96.4人/km^2。土地总面积54 452km^2（8167.76万亩），沙化土地面积2056.69万亩。其中可治理面积占总面积的99.5%。该区包括两种植被类型亚区，分别为农牧交错带草原亚区和晋北山地丘陵亚区。其中，农牧交错带草原亚区涉及化德县、商都县、兴和县、沽源县、康保县、尚义县、张北县、察哈尔右翼前旗、察哈尔右翼后旗、丰镇市、集宁区等旗（县、市、区），该亚区以草原植被为主，有少量的森林和灌丛呈岛状分布。原生地带性植被有克氏针茅草原、羊草草原等。克氏针茅草原因放牧利用过度，绝大部分地段已退化为冷蒿草原，沙化严重地段形成小叶锦鸡儿灌丛化草原。草本植物主要有冷蒿、无芒雀麦（*Bromus inermis*）、落草（*Koeleria cristata*）、糙隐子草、羊茅（*Festuca ovina*）、根茎冰草（*Agropyron michnoi*）、贝加尔针茅、小薹草（*Carex parva*）、羊草等。灌木主要有黄柳、单花山竹子（*Garcinia oligantha*）、杠柳（*Periploca sepium*）、草麻黄（*Ephedra sinica*）、兴安胡枝子（*Lespedeza davurica*）、绣线菊（*Spiraea salicifolia*）等。晋北山地丘陵亚区涉及天镇县、阳高县、大同县、大同市南郊区、新荣区、朔城区、浑源县、左云县、怀仁市、应县、山阴县、代县、繁峙县等县（市、区）。该区植被主要为耐寒、耐旱的草原物种和华北森林成分。在该区域山地的森林群落与草原、草原化灌丛镶嵌分布。受内蒙古草原地区东蒙古亚区的影响比较明显，两区系间有较多的共有种，多是森林破坏后由草原入侵的成分，如二色补血草（*Limonium bicolor*）、蒙古莸（*Caryopteris mongholica*）、华北驼绒藜（*Ceratoides arborescens*）、冰草、芨芨草（*Achnatherum splendens*）、赖草（*Leymus secalinus*）、蒿属等多种，砂蓝刺头（*Echinops gmelinii*）、拐轴鸦葱（*Scorzoneradivaricata*）、砂引草（*Messerschmidia sibirica*）、灌木铁线莲（*Clematis fruticosa*）、柠条锦鸡儿（*Caragana korshinskii*）、苦豆子（*Sophora alopecuroides*）、硬阿魏（*Ferula bungeana*），以及黄芪属、棘豆属等，湿地及盐碱化后共有种如披碱草（*Elymus dahuricus*）、长叶碱毛茛（*Halerpestes ruthenica*）、宽叶独行菜（*Lepidium latifolium*）、蒙古蒲公英（*Taraxacum mongolicum*）、柽柳（*Tamarix chinensis*）、香蒲（*Typha orientalis*）等。

存在的主要问题：本区土壤疏松，泥沙颗粒小，极易扬沙起尘；再加上人口压力大、毁林毁草开垦和不合理的放牧，致使风蚀沙化严重。强烈的风蚀使耕地地表形成沙质、砾质景观。治理对策：禁垦限牧、扩大植被。该区采取的主要治理措施：一是严禁再开垦土地，避免新的植被破坏。二是对沙化严重、粮食产量低而不稳地段的耕地实行退耕还林，全部退耕的由种田户转为造林专业户，国家为其无偿提供口粮和饲料粮。三是大力推广以小流域为单元的综合治理，因地制宜搞好川地、缓坡地农田基本建设，对荒山荒沙地区建设谷坊、塘坝等拦沙蓄水工程，水池、水窖等集雨节灌工程，推广草田轮作、免耕法、留茬等农耕措施，加大封育治理力度，积极推行封山封沙育林，加快恢复植被。四是改变传统的牧业方式，变放养为圈养，减轻植被破坏的压力。五是大力营造农田林网和草场林网，建设防风沙屏障。

4）燕山丘陵水源保护区

该区主要是指张家口坝下及其以东的山地丘陵区，具体包括北京、天津、张家口地区南部和承德地区共26个县（市、区），是官厅、密云和潘家口三大水库的水源地。该区以丘陵山地为主，总人口863.9万人，人口密度117.0人/km^2。土地总面积73 820km^2（11 073.00万亩），沙化土地面积1761.70万亩，其中可治理面积占总面积的94.9%。燕山丘陵水源保护区涉及北京门头沟区、怀柔区、密云区、延庆区、平谷区、昌平区，天津蓟州区，张家口宣化区、怀安县、怀来县、涿鹿县、阳原县、蔚县、崇礼区、万全区、赤城县、张家口市郊区、下花园区，承德承德县、丰宁满族自治县（简称丰宁县）、围场满族蒙古族自治县（简称围场县）、滦平县、隆化县、平泉市、宽城满族自治县（简称宽城县）、兴隆县等县（市、区）。天然植被以温带、暖温带落叶阔叶林为主，主要建群种有辽东栎、蒙古栎、槲栎、麻栎、栓皮栎等落叶栎类，以及白桦、山杨、榆树等小叶落叶树种，但由于长期人为破坏，现存植被多为次生杨桦林及荆条（*Vitexnegundo* var. *heterophylla*）、胡枝子、山杏（*Armeniaca sibirica*）等落叶灌丛；人工林以油松为主，高海拔地带以落叶松为主。有维管植物101科408属947种，其中，蕨类植物10科15属30种、裸子植物3科5属5种、被子植物88科388属912种，以菊科、禾本科、豆科、蔷薇科最丰富，占全部维管植物的34%。最大属为蒿属，29种，其次是蓼属28种，委陵菜属17种，柳属14种。常见植物种有蒙古栎、华北落叶松（*Larix gmelinii* var. *principis-rupprechtii*）、山杨、白桦、油松、黑刺李（*Prunus spinosa*）、小薹草、白羊草（*Bothriochloa ischaemum*）、酸枣（*Ziziphus jujuba* var. *spinosa*）等。

本区分布着坝上部分沙区、坝下沙区、永定河下游沙区、宣化黄羊滩、淮安金沙滩、阳原开阳滩、怀来甘家滩、南马场、淮安马市口、万全新河口、崇礼三龙口、赤城独石口、丰宁小坝子及阴山北麓的覆沙地表。该区域是北京的“水源地”，同时也是“沙源地”和风沙通道。本区存在的主要问题是人工采樵、陡坡耕种、破坏植被等导致水土流失严重和土地沙化。治理对策：保护和建设好丘陵山地的防护林体系，提高保持水土、涵养水源、防风固沙的功能。采取的主要治理措施：一是封禁保护现有的森林，杜绝一切经营性的采伐活动。二是对流域内的陡坡耕地和库区周围的坡耕地，积极实行退耕还林。三是加强水土流失预防监督，加快水土流失综合防治步伐，减少入库泥沙。四是对现有荒山荒地，通过飞、封、造等措施，营造乔灌草结合的复层水源涵养林。五是大力营造防风和固沙林，形成防风阻沙固沙体系，治理风口、风道地区和活化沙丘。六是调整畜种结构，改变牧业生产方式，变放牧为圈养。七是营造农田林网和牧场林网。

1.3 京津风沙源治理工程实施及完成情况

京津风沙源治理工程在切实加强现有林草植被保护和管理的基础上，本着因地制宜、因害设防、宜乔则乔、宜灌则灌的原则和生物、工程措施相结合的方式，采取以林草植被建设为主的综合治理措施。到2010年，工程建设已累计完成退耕还林和造林9002万亩，草地治理1.3亿亩，建设暖棚973万m^2，购买饲料机械11.4万套，生态移民17万多人，水土保持项目完成小流域综合治理1.2万km^2，节水灌溉和水源工程共16.5万处，初步建立了京津地区生态防护体系，使工程区可治理的沙化土地得到基本治理，生态环境明显好转，风沙天气和沙尘暴天气明显减少，从总体上遏制了沙化土地的扩展趋势，使北京及周围生态环境得到明显改善。

具体完成情况见表1-3～表1-12。

表1-3　河北省京津风沙源治理工程林业措施统计表（单位：万亩）

地区	林业措施	2001年	2002年	2003年	2004年	2005年	2006年	2007年	2008年	2009年	2010年
河北省	人工造林	62.2	21.0	3.4	2.0	2.7	23.4	21.0	40.3	46.0	41.0
	飞播造林	22.0	50.0	35.0	36.0	23.0	36.6	16.0	41.0	52.5	115.0
	封山育林	55.0	81.0	128.2	104.9	115.0	87.3	46.0	47.0	40.0	13.0
承德市	人工造林	29.0	7.0	1.0	1.0	0.5	14.3	8.0	23.3	22.0	18.0
	飞播造林	11.0	24.0	14.0	17.0	11.0	23.0	10.0	20.0	27.5	51.0
	封山育林	28.0	41.0	72.4	50.0	64.0	34.5	19.0	21.0	21.5	7.0
承德县	人工造林	4.2	1.0	0.0	0.0	0.0	2.0	0.5	4.0	4.0	1.3
	飞播造林	2.5	4.0	2.5	4.0	3.0	3.0	2.0	2.0	3.0	7.0
	封山育林	3.5	4.0	13.2	10.0	9.0	6.0	3.0	6.0	3.0	
隆化县	人工造林	3.0	0.5	0.0	0.3	0.1	1.4	1.0	3.0	3.0	3.0
	飞播造林	1.5	3.0	3.0	3.0	1.0	4.0	2.0	3.0	4.0	6.0
	封山育林	2.0	3.0	6.0	3.0	6.0	3.0	1.0	1.7	2.0	1.0
宽城县	人工造林	2.0	0.5	0.5	0.5		1.2		1.0	3.0	2.7
	飞播造林	2.0	5.0	3.0	3.0		3.0	1.0	2.0	3.0	5.0
	封山育林	3.0	3.5	6.0	3.5	5.0	2.0	2.0	1.3	2.0	
平泉市	人工造林	2.4	1.0				2.0	1.5	3.0	3.0	3.0
	飞播造林	1.5	4.0		3.0	3.0	4.0	2.0	2.0	3.5	6.0
	封山育林	3.0	4.0	10.0	4.0	6.0	2.0	1.0	2.0	2.0	1.0
滦平县	人工造林	3.8	0.5				1.0	0.0	3.0	2.0	2.0
	飞播造林	1.5	3.0	3.0	2.0	2.0	4.0	2.0	3.0	3.0	6.0
	封山育林	3.5	3.0	7.0	6.0	9.0	4.0	2.0	2.0	2.0	

续表

地区	林业措施	2001年	2002年	2003年	2004年	2005年	2006年	2007年	2008年	2009年	2010年
兴隆县	人工造林	3.6	0.5	0.5	0.2	0.0	2.5	1.0	2.0	2.0	0.0
	飞播造林	2.0	3.0	2.5	2.0	2.0	4.0		4.0	4.0	4.0
	封山育林	3.5	6.0	10.2	7.0	8.0	6.0	3.5	3.0	2.0	1.0
围场县	人工造林	7.0	2.0			0.2	4.0	2.5	3.3	3.0	2.0
	飞播造林								2.0	4.0	8.0
	封山育林	5.5	14.0	16.0	10.5	14.0	7.0	4.5	4.0	6.0	3.0
丰宁县	人工造林	3.0	1.0			0.2	0.2	1.5	4.0	2.0	4.0
	飞播造林		2.0				1.0	1.0	2.0	3.0	9.0
	封山育林	4.0	3.5	4.0	6.0	7.0	4.5	2.0	1.0	2.5	1.0
张家口市	人工造林	33.2	14.0	2.4	1.0	2.2	9.2	13.0	17.0	24.0	23.0
	飞播造林	11.0	26.0	21.0	19.0	12.0	13.6	6.0	21.0	25.0	64.0
	封山育林	27.0	40.0	55.9	54.9	51.0	52.8	27.0	26.0	18.5	6.0
张北县	人工造林	1.7	2.5						2.0	2.0	1.0
	飞播造林										6.0
	封山育林		3.8	5.0	2.0	1.0	2.5		2.0	2.0	0.5
康保县	人工造林	1.0	2.5	0.1		1.0		2.0	2.5	2.0	1.0
	飞播造林										3.0
	封山育林		1.0	6.0	4.0	2.5	2.0	1.0	1.0	2.0	
沽源县	人工造林	0.7	2.5	0.2	0.2			1.0	1.0	2.0	1.0
	飞播造林										5.0
	封山育林		2.5	3.0	2.0		2.0	1.0	2.0	2.0	
尚义县	人工造林	1.0	2.0	0.5	0.2		0.0	1.0	1.5	3.0	2.0
	飞播造林		1.0	1.0			2.0	1.0		2.0	3.0
	封山育林		3.0	5.0	6.0	2.5	4.0	2.0	2.0		
蔚县	人工造林	3.5	1.0	1.0			0.5	1.0		0.0	0.5
	飞播造林	1.0	2.5	3.0	3.0	2.0	2.0			1.0	5.0
	封山育林	3.0	4.5	6.0	7.0	8.5	6.0	4.0	4.0	4.0	2.0
阳原县	人工造林	3.0	1.0	0.0	0.5	0.2	0.0	1.0	1.0	1.0	0.5
	飞播造林	0.5	2.0	2.0	0.5	0.5			2.0	1.0	3.0
	封山育林	2.0	1.0	1.5	2.0	4.0	3.0	2.0	1.0	2.0	

续表

地区	林业措施	2001年	2002年	2003年	2004年	2005年	2006年	2007年	2008年	2009年	2010年
怀安县	人工造林	3.5	0.5	0.0	0.0	0.0	0.5	1.0	2.0	2.5	2.5
	飞播造林	1.0	2.5	1.5	2.0	1.0	2.0		2.0	2.0	4.0
	封山育林	2.0	1.0	3.0	2.0	5.0	4.0	1.5	3.0	1.5	
万全区	人工造林	3.0	0.5	0.5	0.0	0.3	0.2	2.0	2.0	3.0	1.5
	飞播造林	1.0	1.0	1.0	1.5	1.0	2.0		3.0	4.0	4.0
	封山育林	2.0	2.5	3.0	4.0	6.2	5.0	3.5			
崇礼区	人工造林	1.0					0.5			2.0	3.0
	飞播造林	1.0	2.5	2.5	2.0	1.0			2.0	1.0	7.0
	封山育林	3.0	4.0	4.0	5.0	4.0	3.0	2.0	2.0		
赤城县	人工造林	1.0						1.0	1.0	1.0	3.0
	飞播造林	2.0	4.0		2.0	2.0	2.0	2.0	3.0	4.0	10.0
	封山育林	4.0	4.0	3.0	5.0	4.0	5.0	3.0	2.0	2.0	1.5
涿鹿县	人工造林	3.5	0.5	0.0	0.0	0.5	0.5	2.0	1.0	2.5	3.0
	飞播造林	2.0	3.0	3.0	3.0		1.0		4.0	3.0	6.0
	封山育林	3.0	3.0	4.0	4.0	3.0	4.0	2.0	3.0	3.0	2.0
怀来县	人工造林	3.0	0.5				0.2	0.0	0.0	1.0	1.0
	飞播造林	1.0	3.5	4.0	3.0	2.5	1.6	2.0	3.0	4.0	1.0
	封山育林	3.0	3.5	4.0	4.5		4.0	3.0	2.0		
宣化区	人工造林	3.3	0.5				0.2	1.0	3.0	2.0	3.0
	飞播造林	1.5	3.0	3.0	2.0	2.0		1.0	2.0	3.0	7.0
	封山育林	3.0	2.5	3.0	2.0	5.0	3.0	2.0	2.0		
下花园区	人工造林	1.5									
	飞播造林		1.0								
	封山育林	0.6	1.0	1.5	1.0						
张家口市郊区	人工造林	1.0		0.1	0.1	0.2	6.6				
	飞播造林						1.0				
	封山育林	0.9	2.0	2.7	4.4	5.3	5.3				

资料来源：河北省林业和草原局

表 1-4　河北省京津风沙源治理工程小流域治理措施统计表　　（单位：hm^2）

地区	治理措施	2001 年	2002 年	2003 年	2004 年	2005 年	2006 年	2007 年	2008 年	2009 年	2010 年
河北省	人工造林	25 404	30 291	29 508	26 635	33 744	35 923	19 473	22 446	21 927	22 293
	人工种草	1 937	925	910	406	308	33	121			
	基本农田	4 546	6 232	8 081	2 818	2 777	4 135	2 416	2 972	2 833	3 694
	封禁治理	3 879	7 110	7 453	6 170	10 318	17 923	8 428	13 664	15 203	17 601
	其他	328	494	108	2	661	1 818	262	2 194	1 077	1 237
承德市	人工造林	12 121	13 626	16 954	13 070	15 051	14 222	6 229	7 308	6 885	9 386
	人工种草	210			228	39	33				
	基本农田	1 071	1 321	1 467	746	700	888	196	90	43	43
	封禁治理	1 686	2 859	3 571	2 985	6 456	10 571	4 513	8 684	9 535	11 759
	其他	328	494	108	2	661	1 818	262	2 194	1 077	1 237
丰宁县	人工造林	1 198	1 363	1 406	1 284	1 258	1 333	826	535	902	1 015
	人工种草						33				
	基本农田	83	111	51	20	14	91	19	15	3	10
	封禁治理	219	326	543	696	728	1 043	655	450	1 595	1 475
滦平县	人工造林	1 234	1 188	2 011	851	1 031	1 494	1 146	1 524	243	922
	基本农田	68	12	53		14	161	59			
	封禁治理	198	299	236	149	955	1 545	795	1 476	1 257	978
围场县	人工造林	1 460	2 997	2 770	2 357	2 205	1 828	892	975	1 041	1 374
	人工种草	180				39					
	基本农田	271	463	309	197	153	264	98			
	封禁治理	89	540	321	246	803	908	510	1 525	1 460	1 626
隆化县	人工造林	1 408	1 802	2 724	2 114	2 507	2 022	912	1 068	1 400	1 350
	人工种草										
	基本农田	297	316	522	276	133	73	20	32		
	封禁治理	295	382	554	410	660	905	268	400	600	650
承德县	人工造林	1 573	1 863	2 370	2 545	3 057	4 551	843	1 153	2 030	3 342
	人工种草				228						
	基本农田	276	279	345	206	352	33		43	40	25
	封禁治理	158	259	585	452	1 797	2 449	757	1 331	1 470	2 658

续表

地区	治理措施	2001 年	2002 年	2003 年	2004 年	2005 年	2006 年	2007 年	2008 年	2009 年	2010 年
平泉市	人工造林	1 163	1 227	1 877	1 567	2 135	1 295	839	685	689	925
	基本农田	67	100	177	47	33	267				8
	封禁治理	270	373	447	386	832	1 239	561	1 315	1 311	2 067
兴隆县	人工造林	2 023	1 482	1 889	879	1 303	793	377	959	363	272
	人工种草	30									
	基本农田	10	40	10							
	封禁治理	119	334	293	118	36	1 038	496	1 249	850	893
	其他	328	44	108	2	661	1 169	127	1 541	287	335
宽城县	人工造林	2 062	1 704	1 907	1 472	1 555	906	394	410	217	186
	封禁治理	338	346	593	528	645	1 445	471	937	993	1 411
	其他		450				649	135	653	790	902
张家口市	人工造林	13 283	16 665	12 554	13 565	18 693	21 701	13 244	15 138	15 042	12 907
	人工种草	1 727	925	910	178	269		121			
	基本农田	3 475	4 911	6 614	2 072	2 077	3 247	2 220	2 882	2 790	3 651
	封禁治理	2 193	4 251	3 882	3 185	3 862	7 352	3 915	4 980	5 668	5 842
尚义县	人工造林	827	882	850	1 155	1 991	3 000	1 500	1 850	1 200	1 056
	人工种草	261	354	261	82	10					
	基本农田	332	181	300	161						
	封禁治理	180	183	190	102				150	300	444
沽源县	人工造林	465	730	442	880		357	782	571	1 018	1 251
	人工种草	623	53								
	基本农田	104	318	838	140		80	97			
	封禁治理	308	500	220	480		63	621	429	482	749
张北县	人工造林	675	460	445	419		80		362	1 239	583
	人工种草	187	41	239							
	基本农田	387	478	995	712		110		530	215	226
	封禁治理	260	172	380	669		310		1 108	546	691

续表

地区	治理措施	2001 年	2002 年	2003 年	2004 年	2005 年	2006 年	2007 年	2008 年	2009 年	2010 年
康保县	人工造林	923	1 977	887	1 180	1 865	500	1 967	2 700	1 610	1 188
	人工种草	40	55	40		184					
	基本农田	477	368	73	48	56		33	34	54	
	封禁治理	160			72	95			266	836	312
赤城县	人工造林	1 240	1 780	980	1 280	1 715	1 154	594	1 176	935	1 560
	人工种草	200	100	150	20						
	基本农田	260	250	150	100	25	40				
	封禁治理	300	370	220	200	260	1 306	1 006	524	565	940
涿鹿县	人工造林	912	1 330	1 280	691	904	1 822	1 052	1 054	1 116	1 044
	人工种草	61									
	基本农田	467	810	520	236	200	287	178	92	137	182
	封禁治理	360	860	700	573	696	891	270	154	247	274
怀来县	人工造林	1 605	1 410	994	700	823	1 304	703	1 207	645	1 255
	基本农田	395	516	399		50	219	127	185	181	273
	封禁治理		574	107		127	477	170	108	174	472
宣化区	人工造林	842	438	406	475	596	889	461	425	708	827
	人工种草	53	107		20	55					
	基本农田	258	313	261	48	74	136	90	275		570
	封禁治理	147	442	333	157	275	675	449	300	292	603
万全区	人工造林	582	1 146	1 192	1 253	1 618	1 818	1 252	1 680	1 575	278
	人工种草	47	65	13	2						
	基本农田	91	229	142	154	146	679	116	75	122	
	封禁治理	80	160	253	191	236	303	232	245	303	122
蔚县	人工造林	1 228	1 277	1 346	1 323	1 628	1 501	1 165	1 110	1 056	1 037
	人工种草	48									
	基本农田	224	617	644	347	1 148	1 121	941	1 203	1 403	1 928
	封禁治理		106	410	330	224	378	94	187	41	35
崇礼区	人工造林	1 614	1 636		1 375	1 538	2 015	1 190	1 197	1 311	701
	人工种草	100									
	基本农田	82		1 800			27				
	封禁治理	146	164	200	225	262	958	310	303	589	299

续表

地区	治理措施	2001 年	2002 年	2003 年	2004 年	2005 年	2006 年	2007 年	2008 年	2009 年	2010 年
怀安县	人工造林	1 107	1 383	1 153	1 274	1 920	2 593	1 250	672	845	1 300
	人工种草	67	52	50							
	基本农田	235	160	111	26	80	207	250	134	33	100
	封禁治理	191	205	286					194	122	100
阳原县	人工造林	785	860	1 001	960	1 272	1 130	508	366	900	827
	人工种草	40	98	157	54	20					
	基本农田	87	342	204	100	242	264	110	154	396	372
	封禁治理			138	186	966	1 106	582	480	704	801
宣化区	人工造林	160	464	490		555		418	248	304	
	人工种草							121			
	基本农田	30	186	107				261	100	130	
	封禁治理	10	50	103		45			252	166	
下花园区	人工造林	200	321	436		468	1 678	402	520	580	
	基本农田	14	70	67		56	70	17	100	120	
	封禁治理		109	297		676	752	181	280	300	
张家口市郊区	人工造林	118	571	652	600	1 800	1 860				
	基本农田	32	73	3			7				
	封禁治理	51	356	45			133				

资料来源：河北省水利厅

表 1-5　山西省京津风沙源治理工程林业措施统计表　（单位：万亩）

地区	2001 年	2002 年	2003 年	2004 年	2005 年	2006 年	2007 年	2008 年	2009 年	2010 年
山西省	46.24	91.56	78.74	84.47	81.03	79.32	39.64	42.68	32.52	23.74
大同市	18.70	33.40	25.43	25.60	27.65	21.98	11.10	13.40	10.28	8.34
左云县	1.90	3.00	1.70	2.00	1.00	1.00	0.00	1.00	0.20	0.80
浑源县	1.60	3.50	2.70	2.50	4.00	7.00	4.00	5.00	3.00	3.00
新荣区	4.28	3.40	3.33	0.30	1.15	0.08	0.00	0.30	0.28	0.44
阳高县	2.05	2.00	1.70	2.00	3.50	2.00	0.40	0.90	0.30	1.20
南郊区	2.97	7.50	5.40	5.90	7.00	3.90	1.70	1.70	2.50	0.60
天镇县	3.26	6.00	5.20	7.40	6.50	5.20	3.20	3.30	3.00	1.30
大同县	2.64	8.00	5.40	5.50	4.50	2.80	1.80	1.20	1.00	1.00
忻州市	2.80	3.00	8.93	9.78	8.16	6.94	5.77	4.03	3.75	2.80

续表

地区	2001 年	2002 年	2003 年	2004 年	2005 年	2006 年	2007 年	2008 年	2009 年	2010 年
代县	2.80	3.00	4.90	5.00	5.50	3.51	3.50	2.98	2.70	1.90
繁峙县	0.00	0.00	4.03	4.78	2.66	3.43	2.27	1.05	1.05	0.90
朔州市	10.01	21.58	13.52	14.66	12.03	13.73	4.50	5.61	5.87	3.65
朔城区	2.81	2.00	2.90	4.50	4.50	3.50	1.50	1.30	1.10	0.50
山阴县	3.16	8.00	5.30	4.50	2.90	5.92	1.30	1.50	2.75	1.40
应县	1.00	7.93	4.32	4.67	4.13	3.81	1.40	2.11	2.02	1.25
怀仁市	3.04	3.65	1.00	0.99	0.50	0.50	0.30	0.70		0.50
五台局	0.58	2.00	2.40	3.00	5.00	9.00	4.00	5.00	1.00	1.00
杨树局	1.34	7.00	6.00	7.00	8.00	7.00	4.00	5.00	2.00	1.50

资料来源：山西省林业和草原局

表 1-6　山西省京津风沙源治理工程林业措施按树种、年度统计表

（单位：万亩）

栽植树种	2001 年	2002 年	2003 年	2004 年	2005 年	2006 年	2007 年	2008 年	2009 年	2010 年
柠条锦鸡儿	18.32	32.73	28.56	26.83	26.51	23.40	9.88	11.65	10.01	7.28
落叶松	2.71	4.85	4.69	7.38	9.27	8.54	2.61	3.21	2.15	3.39
仁用杏	1.45	0.05		0.14			0.09	0.08		0.04
樟子松	0.14	1.40	0.22	0.45	1.70	1.70	1.00	3.00	2.00	2.00
杨树	2.45	14.69	8.86	7.54	5.21	4.92	3.55	3.18	2.55	0.35
油松	7.18	9.83	6.81	11.56	9.77	13.30	6.15	6.29	2.08	2.09
山桃			0.58	0.25	0.61	3.65	1.05	0.98	0.29	
侧柏				0.10	0.01					0.30
核桃	0.90									
山杏			0.20	0.47	0.29	1.09	1.95	0.64	0.24	0.43
沙棘	0.14	0.44	0.26	0.43	1.04	0.54	0.24	0.31	0.17	
柳树					0.08	0.14	0.25	0.07		
绣线菊		3.00	2.70	2.05	3.57		1.50	1.87	2.00	0.50
刺槐							0.02			
臭椿						0.09				
榆树	0.03									0.16
柽柳					0.08					

续表

栽植树种	2001年	2002年	2003年	2004年	2005年	2006年	2007年	2008年	2009年	2010年
金银花			0.02							
总计	33.32	66.99	52.90	57.20	58.14	57.37	28.29	31.29	21.49	16.54

注：仁用杏是以种仁为主要利用方向的杏属植物统称

表1-7　内蒙古自治区京津风沙源治理工程林业措施统计表　（单位：万亩）

地区	林业措施	2001年	2002年	2003年	2004年	2005年	2006年	2007年	2008年	2009年
内蒙古自治区	退耕地还林	26.00	178.00	237.00	140.00	160.00	40.00			
	退耕还林配套荒山荒地造林	25.20	194.50	237.00	140.00	160.00	50.00	50.00	40.00	
	人工造林	186.89	44.47	37.50	19.02	20.67	36.00	80.00	94.50	137.00
	飞播造林	40.21	72.36	51.10	50.00	36.10	40.00	15.00	35.00	50.00
	封山育林	66.39	148.75	142.22	148.22	152.37	169.20	110.00	170.00	270.00
	种苗基地	3.97	0.24	0.62	0.60	0.13				
赤峰市	退耕地还林	11	63	92	55	70	16			
	退耕还林配套荒山荒地造林		63	92	55	70	22	22	20	
	人工造林	107.76	19	24.05	10.54	11.17	15.5	39.05	45.3	70
	飞播造林	11.7	20	14	13	0.06	14	3	5	10
	封山育林	35.03	72.6	65	69.92	64	64	35	71	120
	种苗基地	0.2	0.1	0.21	0.4					
锡林郭勒盟	退耕地还林		25	40	25	25	7			
	退耕还林配套荒山荒地造林		25	40	25	25	8	8	5	
	人工造林	17.82	6.27	4	4.5	5.2	7.6	14	10	10
	飞播造林	19.85	25.36	20.1	22	24	26	12	30	40
	封山育林	17.45	41.52	41.3	42	46	45	42	52	70
	种苗基地	3.58		0.23						

续表

地区	林业措施	2001 年	2002 年	2003 年	2004 年	2005 年	2006 年	2007 年	2008 年	2009 年
乌兰察布市	退耕地还林	14	86	100	55	60	15			
	退耕还林配套荒山荒地造林	25.2	102.5	100	55	60	18	18	12	
	人工造林	55.16	19	9.15	3.5	4	12.5	26.4	38	54.9
	飞播造林	6.16	21	13	11	11.04				
	封山育林	11.91	29.63	31.22	30.5	35.37	49	23	35	60
	种苗基地	0.18	0.14	0.1	0.16	0.08				
包头市	退耕地还林	1	4	5	5	5	2			
	退耕还林配套荒山荒地造林		4	5	5	5	2	2	3	
包头市	人工造林	6.1	0.1	0.2	0.3	0.1	0.3	0.5	1	2
	飞播造林	2.5	6	4	4	1				
	封山育林	1	3	3	3.8	6	8	7	8	15
	种苗基地			0.08	0.04	0.04				
二连浩特市	人工造林	0.05	0.1	0.1	0.18	0.2	0.1	0.05	0.2	0.1
	封山育林	1	2	1.7	2	1	3.2	3	4	5
	种苗基地	0.01				0.01				

资料来源：内蒙古自治区林业和草原局

表 1-8　内蒙古自治区京津风沙源治理工程农业措施统计表　（单位：万亩）

地区	农业措施	2001 年	2002 年	2003 年	2004 年	2005 年	2006 年	2007 年	2008 年	2009 年
内蒙古自治区	人工种草	56.48	56.48	39	28.15	23.3	5.8			
	飞播牧草	16.29	19.5	30.8	16.5	9.9	20			
	围栏封育	182.17	323.24	377.27	260	264.4	253	145	322	200
	基本草场	25.53	16.67	18.50	15.15	8.72				
	草种基地	6	3.4	0.06	1.2					
	禁牧舍饲		1875	2500	2055					

续表

地区	农业措施	2001年	2002年	2003年	2004年	2005年	2006年	2007年	2008年	2009年
赤峰市	人工种草	17.3	30	19	10.35	11	1.6			
	飞播牧草	6.72	8	11.6	6	7.2	17.5			
	围栏封育	45.65	96.25	111.5	20	51.3	25	35	58	50
	基本草场	12.12	1	3	0.3					
	草种基地	1.17	1.5		0.7					
	禁牧舍饲		495	970	500					
锡林郭勒盟	人工种草	19.01	6.48		10.8	6.4	1			
	飞播牧草	9.57	11.5	15.2	8.5	2.7	2.5			
	围栏封育	102.81	175.74	201.17	200	150.7	168	72	196	105
	基本草场	8.26	10.67	11.4	11.5	6.72				
	草种基地	1.84	1.35		0.3					
	禁牧舍饲		975	1200	1260					
乌兰察布市	人工种草	19.87	17	17	4	4.9	3			
	飞播牧草			2						
	围栏封育	20.81	46.25	41.6	22	22.4	15	20	38	16.5
	基本草场	3.97	4	4	2.35	2				
	草种基地	1.39	0.55	0.06	0.2					
	禁牧舍饲		235	150	105					
包头市	人工种草	0.3	3	3	3	1	0.2			
	飞播牧草			2	2					
	围栏封育	11.7	5	23	15	30	30	10	16.5	18
	基本草场	1.18	1	0.1	0.5					
	草种基地	1.6								
	禁牧舍饲		170	180	100					
二连浩特市	围栏封育	1.2			3	10	15	8	13	10.5
	基本草场				0.5					
	禁牧舍司				90					

资料来源：内蒙古自治区农牧厅

表 1-9　内蒙古自治区京津风沙源治理

工程小流域治理措施统计表　　　　（单位：万亩）

地区	2001 年	2002 年	2003 年	2004 年	2005 年	2006 年	2007 年	2008 年	2009 年
内蒙古自治区	53.96	104.50	107.00	81.00	76.80	118.15	58.88	84.40	69.75
赤峰市	12.18	31.5	28	29	23.5	36	17.7	28.65	26.621
锡林郭勒盟	13.28	15	10	12	11	17.46	9.38	14.25	18
乌兰察布市	25.0	55.0	66.0	37.0	38.2	61.0	30.0	40.0	22.5
包头市	3.5	3	3	3	4.1	3.69	1.8	1.5	2.625

资料来源：内蒙古自治区农牧厅

表 1-10　京津风沙源治理工程林业措施统计表　　（单位：hm^2）

地区		2001 年	2002 年	2003 年	2004 年	2005 年	2006 年	2007 年	2008 年	2009 年	2010 年
北京	阔叶林	848	641	747	1 076	541	579	360	518	590	197
	针叶林	3 854	3 369	4 304.5	3 528	2 460	1 721	1 637	1 900	2 227	894
	灌木林	3 006	2 628	3 358	2 752	1 918	1 342	1 276	1 482	1 737	697
	总计	7 708	6 638	8 409.5	7 356	4 919	3 642	3 273	3 900	4 554	1 788
天津	阔叶林	111	172	129	37	15	73	164	127	124	19
	针叶林	505	780	587	168	67	334	748	577	564	85
	灌木林	394	608	457	131	52	260	583	450	440	66
	总计	1 010	1 560	1 173	336	134	667	1 495	1 154	1 128	170
河北	阔叶林	9 280	10 133	11 108	9 527	9 380	9 820	5 533	8 553	9 233	11 267
	针叶林	46 400	50 667	55 540	47 634	46 900	49 100	27 667	42 767	46 167	56 334
	灌木林	37 120	40 533	44 432	38 107	37 520	39 280	22 133	34 213	36 933	45 067
	总计	92 800	101 333	111 080	95 268	93 800	98 200	55 333	85 533	92 333	112 668
山西	阔叶林	2 274	9 794	5 912	5 026	3 529	3 430	2 551	2 169	1 700	369
	针叶林	6 687	10 715	7 807	12 993	13 833	15 693	6 508	8 333	4 151	5 191
	灌木林	13 329	24 146	23 802	22 004	23 198	19 978	10 520	11 524	9 413	5 969
	总计	22 290	44 655	37 521	40 023	40 560	39 101	19 579	22 026	15 264	11 529
内蒙古	阔叶林	109 805	99 363	86 358	81 278	78 247	91 739	76 698	112 054	170 981	164 620
	针叶林	34 311	31 048	26 985	25 397	24 450	28 666	23 966	35 014	53 427	51 439
	灌木林	51 543	46 642	40 537	38 152	36 730	43 063	36 003	52 599	80 259	77 274
	总计	195 659	177 053	153 880	144 827	139 427	163 468	136 667	199 667	304 667	293 333

表 1-11　京津风沙源治理工程农业措施统计表　（单位：hm^2）

地区	2001 年	2002 年	2003 年	2004 年	2005 年	2006 年	2007 年	2008 年	2009 年	2010 年
北京	11 055	88 544	114 453	91 697	11 822	10 760	5 596	12 408	7 719	6 947
天津	4 594	36 791	47 557	38 101	4 912	4 471	2 325	5 156	3 207	2 886
河北	40 822	326 950	422 620	338 594	43 652	39 731	20 663	45 816	28 501	25 651
山西	20 427	163 598	211 468	169 424	21 843	19 880	10 339	22 925	14 261	12 835
内蒙古	188 511	1 509 802	1 951 590	1 563 573	201 580	183 470	95 420	211 569	131 614	118 452

表 1-12　京津风沙源治理工程小流域治理措施统计表　（单位：hm^2）

地区		2001 年	2002 年	2003 年	2004 年	2005 年	2006 年	2007 年	2008 年	2009 年	2010 年
北京	阔叶林	1 667	2 081	2 128	1 664	2 208	2 764	1 418	1 907	1 896	2 071
	针叶林	7 579	9 460	9 672	7 566	10 038	12 563	6 446	8 667	8 617	9 412
	灌木林	5 911	7 379	7 544	5 901	7 830	9 799	5 028	6 760	6 722	7 341
	总计	15 157	18 920	19 344	15 131	20 076	25 126	12 892	17 334	17 235	18 824
天津	阔叶林	741	925	946	740	982	1 229	630	848	843	921
	针叶林	3 369	4 206	4 300	3 363	4 463	5 585	2 866	3 853	3 831	4 184
	灌木林	2 628	3 280	3 354	2 623	3 481	4 356	2 235	3 005	2 988	3 264
	总计	6 738	8 411	8 600	6 726	8 926	11 170	5 731	7 706	7 662	8 369
河北	阔叶林	3 609	4 505	4 606	3 603	4 781	5 983	3 070	4 128	4 104	4 482
	针叶林	18 047	22 526	23 031	18 016	23 904	29 916	15 350	20 638	20 520	22 412
	灌木林	14 437	18 021	18 424	14 413	19 123	23 933	12 280	16 510	16 416	17 930
	总计	36 093	45 052	46 061	36 032	47 808	59 832	30 700	41 276	41 040	44 824
山西	阔叶林	2 967	3 704	3 786	2 962	3 930	4 919	2 524	3 393	3 374	3 685
	针叶林	7 532	9 401	9 612	7 519	9 976	12 486	6 406	8 613	8 564	9 354
	灌木林	12 325	15 384	15 728	12 304	16 325	20 431	10 483	14 094	14 014	15 306
	总计	22 824	28 489	29 126	22 785	30 231	37 836	19 413	26 100	25 952	28 345
内蒙古	阔叶林	11 320	14 130	14 446	11 300	14 994	18 765	9 628	12 945	12 871	14 058
	针叶林	3 639	4 542	4 643	3 632	4 820	6 032	3 095	4 161	4 137	4 519
	灌木林	5 256	6 560	6 707	5 247	6 962	8 712	4 470	6 010	5 976	6 527
	总计	20 215	25 232	25 796	20 179	26 776	33 509	17 193	23 116	22 984	25 104

第 2 章　京津风沙源治理工程固碳速率和潜力的研究内容及方法

2.1　京津风沙源治理工程固碳速率和潜力的研究内容

京津风沙源治理工程是我国 2001 年启动的重大生态工程之一，涉及北京、天津、河北、山西、内蒙古五省（自治区、直辖市），工程区土地总面积 4582.20 万 hm^2，一期工程（2001 ~ 2010 年）治理沙化土地及严重水土流失总面积 2054.55 万 hm^2。该工程的实施不仅对我国生态环境的改善起到了重要的作用，而且具有重要的固碳作用。然而，这些生态工程的固碳能力和效应长期以来未受到足够的重视。本书旨在定量认证京津风沙源治理工程的碳增汇效应，建立国家重大生态工程的碳计量和碳数据库系统，增强我国温室气体管理的科学技术能力。

通过对京津风沙源治理工程植被与土壤固碳速率和潜力的动态估算，建立京津风沙源治理工程固碳速率与固碳潜力的评估及认证方法，提出京津风沙源治理工程固碳效应的管理对策与措施，为应对未来气候变化和发展我国的碳汇林业、碳汇农业及碳汇草业提供技术与数据支撑。

1）京津风沙源治理工程植被固碳速率、潜力的动态估算

根据实地调查数据和动态遥感监测的结果，利用地面观测与遥感监测、实际调查与模型模拟相结合的手段，以空间代替时间，动态监测或反演京津风沙源治理工程建设过程中不同植被要素（类型、结构、状态、面积）的现状和变化过程，评估不同治理区域内主要植被类型（林地、疏林地、灌木林地、草地、无林地）在不同林龄（幼龄林、成熟林、过熟林）、不同状态（健康–衰退）的固碳速率与潜力；建立工程固碳速率与潜力数据库。

2）京津风沙源治理工程土壤固碳速率、潜力的动态估算

根据实地调查数据，利用土壤有机碳直接估算方法，动态评估京津风沙源治理工程区主要植被类型在不同林龄、不同状态下的土壤固碳速率与潜力，确定植被建设过程中土壤碳储量的时空分布规律，阐明京津风沙源治理工程土壤固碳速率与空间分布特征，建立京津风沙源治理工程固碳潜力的模拟模型，模拟预测工程的固碳潜力和碳增汇效应。

3）京津风沙源治理工程固碳效应的管理对策与措施

通过资料分析和社会调研，探讨气候条件、林龄、树种、植被健康状态和人为调控经营措施等对工程固碳速率、碳储量、潜力的影响机制，明确典型治理模式固碳能力，分析不同治理模式的固碳效益、经济成本和社会影响，提出工程合理固碳增汇的有效经营措施，并构建京津风沙源治理工程固碳增汇建设区划方案。

4）京津风沙源治理工程固碳速率与固碳潜力评估及认证

采用《京都议定书》确定的清洁发展机制（clean development

mechanism, CDM) 固碳量认证法 (IPCC-LULUCF), 确定工程固碳计量参数, 对京津风沙源治理工程的碳储量、固碳速率和潜力进行认证; 并依据工程碳循环机理特征, 建立基于碳汇本底状况 (典型植被碳收支特征) 调查→固碳增汇技术实施→固碳量核算与认证→碳汇潜力评估的京津风沙源治理工程固碳能力核算评估体系, 使研究结果得到国内外认同。

2.2 京津风沙源治理工程植被和土壤调查方法

京津风沙源治理工程区跨温带、暖温带落叶阔叶林、中温型草原带、温暖型草原带和暖温型荒漠带等几个主要的植被地带。为更加准确地监测和评价工程区植被与土壤固碳情况, 本书依据京津风沙源治理工程各地林业和草原局、水利厅及农牧厅统计资料与遥感分析资料, 结合京津风沙源治理工程的特点, 收集了京津风沙源治理工程布局图, 以及 2001 ~2010 年分年度分树种造林面积数据, 明确了京津风沙源治理工程的实施面积和位置, 包括主要工程措施面积、每年实施面积, 以及具体分布情况, 数据资料和图件具体到县 (旗、市、区), 工程措施细化到树种。中国科学院遗传与发育生物学研究所农业资源研究中心与山西省林业科学研究院、内蒙古农业大学林学院、河北省林业和草原局进行了合作, 共同进行了样地的野外调查, 由省 (直辖市、自治区) 林业和草原局根据造林情况协助布点, 由所在县 (旗、市、区) 林业和草原局、水利厅和农业厅主要人员陪同调查。主要进行了河北省、山西省和内蒙古自治区主要典型县不同区域、不同治理措施 (林业措施、农业措施和小流域治理措施)、不同植被类型 (阔叶林、针叶林、经济林、灌木、草地）的固碳增汇效益现状调查。为了分析京津风沙源治理工程 2001 ~ 2010 年不同区域、不同治理措施和不同植被类型的碳汇增量，在进行乔木林、灌木林和草地植被及土壤调查的同时，在样地附近选择荒山或农田作为对照（基线值）进行调查。

2.2.1 植被调查

植被和土壤调查按照碳专项研究设定的《森林生态系统固碳现状、速率和案例研究调查规范》《灌丛生态系统碳库及变化量测定》《草地课题研究调查标准规范》进行。首先由县级林业和草原局、水利厅或农业厅主要人员陪同对林分作全面勘查，分不同区域（燕山丘陵水源保护区、农牧交错带沙化治理区、浑善达克沙地治理区和北方干旱草原治理区）、不同治理措施（林业措施、农业措施和小流域治理措施）和不同植被类型（阔叶林、针叶林、灌木和草地），选择具有代表性的林分，即林分特征及立地条件一致或近似地段设置样地。确定样地位置，利用 GPS 对样地中心进行导航定位，确定并记录样地的经纬度、坡向和海拔等位置信息。在乔木林设置 20m×20m 样地，灌木林设置 2m×2m 样地，草地设置1m×1m 样地。在乔木林样地中，除乔木层外，还需要对灌木层、草本层和凋落物层进行调查，即在每个乔木样地内，随机设置 3 个 2m×2m 的灌木样方，3 个 1m×1m 的草本样方，3 个20cm×20cm 凋落物样方。在灌木林样地中，设置 1 个 1m×1m 的草本样方和 1 个 20cm×20cm 凋落物样方。在草地样地中，设置 1 个 20cm×20cm 凋落物样方。在各样地附近选择荒山或农田作为对照（基线值）进行调查。主要调查了山杨、白桦、榆树、蒙古栎、刺槐

（*Robinia pseudoacacia*）等阔叶林，油松、落叶松、侧柏（*Platycladus orientalis*）、樟子松（*Pinus sylvestris*）等针叶林，山杏、柠条锦鸡儿、沙棘（*Hippophae rhamnoides*）、苹果（*Malus pumila*）、虎榛子、绣线菊等灌木和草地。具体调查方法如图 2-1 所示。

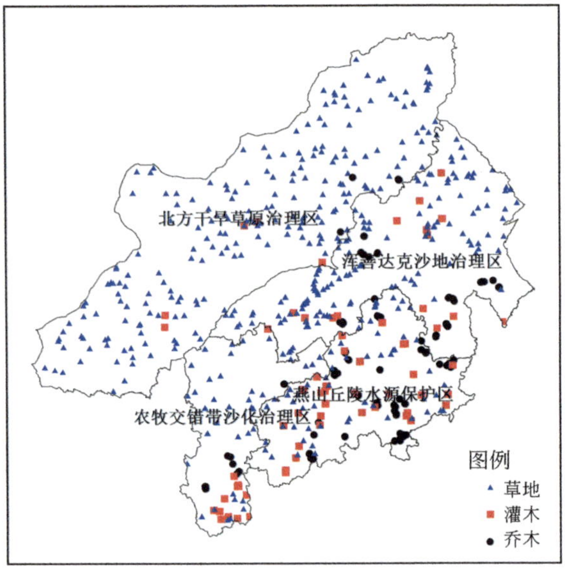

图 2-1　京津风沙源治理工程区乔木、灌木和草地调查样点

1）乔木调查

样地内所有胸径≥5cm（幼龄林胸径≥2cm）的立木（包括活立木和死立木），都需要逐一鉴别其种类，测定其树高、胸径（距离树干基部 1.3m 处的直径）、冠幅和枝下高。

根据每木检尺结果选择样地内有代表性活立木作为解析木。解析木伐倒前，测量其胸径、树冠冠幅；伐倒后查看年轮数、测量基径、胸径、2m 为区分段的直径、第一主分枝处直径和梢头直径、树木总长、树干基部至第一主分枝的长度、冠幅。锯取树干顶部、中部和下部圆盘测定其密度。根系采用全挖法，将解析木所有根系按照<5cm、5～20cm 和>20cm 三组，分别称重。分根系、干、枝、叶分别称重，采集树干、枝条及其对应的叶子和根系样品约 100g，称重后，带回室内烘干称干重，换算解析木根系、干、枝、叶生物量。

如果同一区域该群系类型的样地数量较多，可适当减少标准木的采伐量，但每种的标准株数量不应少于 30 株。解析木的目的在于建立树木材积与生物量回归方程，同时结合每木检尺数据及森林资源清查其他数据等，科学合理地将材积数据转换成生物量数据。

2）灌木调查

在灌木样方内，对全部灌木进行每木调查，逐株（丛）记录其种名、高度、基径、冠幅，如果植株高度足够，还需量测胸径，并记录其群落生长期（如花前营养期、花蕾期、开花期、果期、果后营养期、枯死期）。对于不能当场鉴定的植物需要当场采集标本。

对优势种物种按照不同等级的基茎选取 3～5 株标准株（丛）测量其基径、高度和冠幅，并在收割后分部分（根、茎、叶，如果能区分还应划分当年小枝），收割时需全根挖出，尽量收集完整；根系挖出后，清除所有非根系物质，对各部分称重并取样（样品多于 100g 取样 100g），带回实验室烘干称重，以构建测量因子与生物量之间的关系，并利用群落调查的测量因子推算样地的地上生物量，并记录各标准株的根深和根长。

3）草本调查

在草本样方内，记录所有草本维管植物的种名、平均高、盖度和多度等级，并记录其季相（如花前营养期、花蕾期、开花期、果期、果后营养期、枯死期）。对于不能当场鉴定的植物需要当场采集标本。

在样方草本进行收获、收割时需全根挖出，尽量收集完整，并对优势种进行分种称重，并采取总量约 100g 取样（总量样品多于 100g 取 100g；总量不足 100g 在样方外采取补足 100g），带回实验室烘干测干重。

4）凋落物调查

凋落物层是所有矿质土上面的死亡有机地表物质，包括一部分可以辨识的物质，如死亡的叶子、小枝条、草和树枝等，另外还包括一部分无法辨认的已经分解的有机质片段。

将样方内当年的凋落物和立枯捡起，小心去掉凋落物上附着的细土粒，按样方分别装入信封内，编上样方号。带回室内 65℃烘干后称量干重。

2.2.2 土壤调查

土壤调查采用剖面法+土钻法，其中土壤剖面主要用于测量土壤容重和砾石含量，土钻法主要用于测量土壤有机碳。

每个乔木、灌木和草地样地邻近样方的位置，选取最具代表性的点，垂直于地面挖取一个土壤剖面，剖面规格为长 1.5m、宽 0.8m、深 1m，如土层较薄，挖至土壤母质层即可；挖土时将底土和表土分开。观察描述土壤剖面特征，确定土壤层的边界，按深度从上往下依次记录各土壤发生层次的相关信息（层深、颜色、质地、湿度、根系分布状况、砾石含量等）并拍照。未分解和半分解凋落物层不计在土壤剖面内（凋落物取样属生物量部分），不能分辨形状的有机质层计入土壤剖面，但须记载全有机质层的厚度。对土壤剖面进行环刀取样以及常规取样，分别用于计算土壤容重和土壤有机质。

环刀取样。主要用于土壤容重和砾石含量的计算。采用环刀在不同土壤剖面的不同层次获取 0 ~ 10cm、10 ~ 20cm、20 ~ 40cm、40 ~ 60cm 和 60 ~ 100cm 环刀样品，环刀取样应在每层的中段。每层在土壤剖面的左右侧壁、正面各取环刀样品 1 个。

土壤有机质样品取样。在土壤剖面每层平行环刀取样的位置，每层采取相当于干重 100g 的土壤样品装袋，所有分层样品取样时除去大的树根和石砾。注意混合过程中勿过度挤压而使土壤过度破碎，而应轻轻沿土壤原有纹理分开，以尽量保持土壤结构。

取样完毕将底土和表土按原层回填到采样坑中，并在采样示意图上标出采样地点。样品带回实验室后在阴凉通风处风干，将风干后的样品倒在塑料布上，用擀面杖轻轻碾压，压过的土样过 2mm 筛，将筛出的石子称重以测定土壤砾石含量，并将过筛后的样品放到已称重的铝盒中，在 105℃烘箱中烘干 48h，用电子天平称量样品干重。

土钻取样。沿乔木样地对角线设置 5 个采样点，灌木和草地样地选择 1 个采样点，采用直径为 5cm 的土钻采取 2 钻，按照 0 ~ 10cm、10 ~ 20cm、20 ~ 40cm、40 ~ 60cm 和 60 ~ 100cm 分层采集土壤样品，分层混合，每层采取相当于干重 100g 的样品装袋。所有分层样品取样时除去大的树根和石砾。注意混合过程中勿过度挤压而使土壤过度破碎，而应轻轻沿土壤原有纹理分开，以尽量保持土壤结构。过 8mm 筛后的均匀混合鲜土样置于阴凉处并尽快运返实验室。按深度测各部分总质量（>8mm 根、>8mm 石砾、<8mm 土壤）。在实验室中去除新鲜土样中可见的植物根系和残体。

2.2.3 植被和土壤有机碳测定

样品制备。从野外取回的进行过初步处理的植物和土壤样品，进行编号登记核对后，都需要经过一个制备过程，以备各项测定之用。样品制备的目的包括：①剔除污染物；②粉碎和混匀，使分析时所称取的少量样品具有较高的代表性，并使样品分析时的反应能够完全和彻底，使样品可以长期保存，不致腐坏。

样品干燥。植物地上部和洗净的根系样品要尽快在恒温烘箱中烘干。烘干时要用适宜的温度，一般直接在65℃下使样品干燥至适于研磨或粉碎为止（一般为24～48h）。土壤样品先剔除其中明显的根系和石子，在阴凉处风干备用。

样品粉碎。大量植物烘干样品（>1g）必须先用杯式粉碎机进行粗粉，过10目筛混匀，颗粒过大而未过筛的粗样品继续进行粗粉，如此循环直到完全过筛（对于木质坚硬的灌木样品可先用木棰敲碎，然后再进行粗粉）。随后用冷冻混合球磨仪磨碎（>1g）粗粉后样品进行细粉，过80～100目筛，装袋标号，用于实验分析。如果实验分析所使用样品量不大，只需细粉出满足实验分析用量即可，剩余粗样品装袋、标号、保存。

土壤用冷冻混合球磨仪磨碎，在使用球磨仪粉碎之前，先将风干过的土样过80目筛去掉粗根和砂石，颗粒较大土粒可以先用擀面杖碾碎后再过筛；表层土壤一般还会有大量毛细根，为了减少其对土壤碳含量测定的影响，过筛后的土样采用静电吸附的方法（一般用摩擦过的塑料卡片或玻璃棒），尽量将样品中的细根去除。然后使用冷冻混合球磨仪磨碎，过 80 ~ 100 目筛，装袋标号，用于实验分析。如果实验分析所使用样品量不大，只需磨出满足实验分析用量即可，剩余样品装袋、标号、保存。

植物、土壤有机碳。采用重铬酸钾–硫酸氧化法测定植物和土壤有机碳含量。

在外加热的条件下（油浴的温度为 180℃，沸腾 5min），用一定浓度的重铬酸钾–硫酸溶液氧化土壤有机质（碳），剩余的重铬酸钾用硫酸亚铁来滴定，根据所消耗的重铬酸钾量，计算有机碳的含量。本方法测得的结果与干烧法对比，只能氧化 90% 的有机碳，因此将得到的有机碳乘以校正系数，以计算有机碳量。

2.3 京津风沙源治理工程碳密度估算

2.3.1 乔木碳密度

采用立木蓄积估算碳储量。采用优势树种（组）、次优势树种（组）的标准木收获法，获得标准木的胸径和树高等参数。然后，应用木质密度，把立木蓄积转变为树木质量等。

测定样地内所有树木的高度和胸径。按照树种，列出胸径和高度数值表格。依据树木形状（圆柱体或圆锥体），应用下面公式，估算样地每棵树木的蓄积：

$$V=\pi\times r^2\times H(\text{圆柱体})$$

$$V=\pi\times r^2\times H/3(\text{圆锥体})$$

式中，V为立木蓄积；r为胸径/2；H为树木高度。

通过查阅文献找到适合于当地优势树种的木材密度或本研究野外实测木材密度。木材密度乘以对应的立木蓄积，得到树木干重。根据碳含量，将干重换算成碳储量。样地内所有树种的碳储量相加，并计算碳密度，即单位面积碳储量，用 t/hm^2 表示。

根系生物量与地上生物量的估算同步，所采用的估算方程对应。按优势树种或优势树种组、次要树种等，对样地调查数据进行分类，运用对应的根系生物量估算方程，分别算出各类树种的根系生物量，然后进行汇总，就可以得到样地森林根系的总生物量。根据碳含量，将生物量换算成碳储量，进而计算每公顷林地林木根系的总碳量，即根系碳密度。

2.3.2 灌木、草本碳密度

以样地为单元，选择灌木、草本层植物的子样本，带回实验室内测定其干重，得到鲜重/干重的换算系数。

根据鲜重/干重，将野外测定的每个灌木、草本调查样方内的鲜重换算为干重，之后汇总计算单位样方框内植物的平均干重。

样品干重=(子样品的干重/子样品的鲜重)×整个样品的鲜重

将平均干物质质量乘以扩展系数得到生物量密度（每公顷生物量吨数）。

这里，扩展系数是根据样方框或样地面积大小计算出来的。

$$扩展系数=\frac{10\ 000m^2}{样地面积(m^2)}$$

2.3.3 凋落物碳密度

以样地为单元，野外调查时，选择数个有代表性的凋落物子样本，称鲜重后，带回实验室烘干，测定其干重，得到鲜重/干重（换算系数）。

$$干物质质量=(子样品干物质质量/子样品鲜物质质量)\times 整个样品总的鲜物质质量$$

将野外测定的凋落物样方框内的鲜重换算为干重，之后汇总计算单位样方框内凋落物的平均干物质质量。

通过平均干物质质量乘以扩展系数，得出凋落物储量密度（t/hm^2）。这里，扩展系数是根据样方框或样地面积大小计算出来的。

$$扩展系数=\frac{10\,000m^2}{样地面积(m^2)}$$

根据凋落物碳含量，将现存量密度转换为碳密度（t/hm^2）。

2.3.4 土壤碳密度

土壤碳储量通过容重、有机碳含量、土壤层厚度计算而得，具体操作步骤如下。

按野外土壤取样所划分的土壤层，如按自然发生层次可以划分为：①半腐烂层；②腐殖质层；③若干矿质层（20cm 的等距离层）。

计算各土壤层的容积密度：

$$容积密度(g/cm^3)=\frac{烘干质量(g)}{土体体积(cm^3)-\left[\dfrac{粗质碎片质量(g)}{岩石碎片密度(g/cm^3)}\right]}$$

容积密度是针对<2mm 的部分，粗质碎片是指>2mm 部分。

根据实验室分析得到的各土壤层的碳含量，计算单位面积土壤碳储量。

土壤碳密度(t/hm^2)=[土壤容积密度(g/cm^3)×土层深度(cm)×对应的碳含量]×100。

碳含量用小数表示，如碳含量为 2.2%，在公式中则表示为0.022。

根据各土壤层碳密度之和，得到该林地土壤的总碳密度，单位为t/hm^2。

2.3.5 生态系统碳密度

基于样地尺度的生态系统碳密度为乔木层地上、地下碳密度，灌木层地上、地下碳密度，草本层地上、地下碳密度，凋落物碳密度，土壤碳密度之和。

2.4 京津风沙源治理工程固碳速率估算

2.4.1 林分碳密度-林龄异速生长模型

以林龄为横坐标（X 轴），生态系统碳密度为纵坐标（Y 轴），绘制曲线，并对曲线进行拟合，建立样地尺度上林分林龄与碳密度之间的异速生长方程。

$$y = ax^b$$

式中，y 为林分碳密度（t/hm^2）；x 为林龄（年）；a、b 为参数。

2.4.2 京津风沙源治理工程固碳速率

采用林分碳密度-林龄异速生长方程估算京津风沙源治理工程植被固碳速率，采用“（林龄 10 年林分碳密度-基线值碳密度）÷10＝固碳速率”的方法，也就是每年的碳汇增量累计然后除以 10 得出，估算京津风沙源治理工程土壤的固碳速率。

2.5 京津风沙源治理工程碳汇增量估算

采用林分碳密度-林龄异速生长方程估算植被现状碳密度，然后减去基线值碳密度为京津风沙源治理工程植被碳汇增量，采用“治理面积×固碳速率×造林时间”的方法，估算京津风沙源治理工程土壤碳汇增量。

2.6 京津风沙源治理工程固碳潜力估算

在工程一期（2001～2010 年）工程面积不变的基础上，2030 年京津风沙源治理工程植被固碳潜力采用林分碳密度-林龄异速生长方程估算，土壤采用“（林龄 10 年林分碳密度-基线值碳密度）÷10＝固碳速率”“治理面积×固碳速率×造林时间”的方法计算。

第3章　京津风沙源治理工程碳汇增量

3.1　京津风沙源治理工程植被碳密度

20 世纪全球温室气体的浓度上升趋势十分显著，温室气体吸收地表红外辐射所产生的温室效应引起了国际组织和各国政府的高度关注，成为全球变化研究的主要论题，大气 CO_2 浓度由于对温室效应贡献最大而成为人们关注的中心，大气中的 CO_2 含量升高所带来的后果也得到了广泛的认识（Huang et al.，2012；Verma et al.，2012；Zhou et al.，2013）。陆地生态系统的碳收支对全球碳循环具有极为重要的影响，森林作为最大的陆地生态系统碳库，每年固定的碳占整个陆地生态系统的 2/3，在调节全球碳收支、减缓大气中 CO_2 浓度上升等方面发挥着极为重要的作用（Chen et al.，2009；Wang Z et al.，2012）。1990 年之后，中国实施了一系列新的林业举措，如森林禁采和限采政策的推行及六大林业工程［天然林资源保护工程、退耕还林（草）工程、“三北”和长江中下游地区等重点防护林体系建设工程、京津风沙源治理工程、野生动植物保护和自然保护区建设工程、重点地区速生丰产用材林基地建设工程］的展开，对森林资源的开发强度有所减缓，森林的面积逐步扩大（吴庆标等，2008；Liu et al.，2010）。这些变化都会影响森林生态系统的碳源碳汇特征和固碳潜力。

通过造林和合理的森林经营管理可增加森林的碳汇功能及潜力（Wang et al., 2009; Toriyama et al., 2011），这也是减缓气候变化的一个重要措施。郭然等（2008）发现温带草原种植油松人工林能显著固碳，达到86t/hm^2，年均固碳量为5.4t/hm^2；Wang 等（2006）认为中国东北地区的落叶松和红松在造林33年后生态系统碳储量（土壤、凋落物层和生物量碳库）分别增加了103t/hm^2 和95t/hm^2。此外，造林树种对碳储量和碳汇潜力也产生较大影响（Schulp et al., 2008）。Hu 等（2008）认为中国东北地区杨树人工林较蒙古栎固碳效果好；Pérez-Cruzado 等（2012）发现西班牙北部地区桉树人工林固碳速率（土壤和生物量固碳）高于油松人工林。估算人工林碳储量需要认清景观尺度上不同管理措施、干扰强度、林龄及其组成对碳储量的影响（Wang et al., 2009; He et al., 2013）。以往开展的碳储量研究多集中在相同气候条件下的不同树种之间的比较分析（Laungani and Knops, 2009; Zhang and Wang, 2010; Trum et al., 2011）。然而，空间异质性的不确定性制约了区域尺度上碳储量的准确估算（Houghton, 2005; Sierra et al., 2007; Weishampel et al., 2009）。缺少对整个林业工程区内人工林生态系统乔木层-灌草层-凋落物层-土壤层碳密度特征的综合性研究，对不同人工林的碳储量研究仍缺乏充足的资料统一认识。

在区域尺度上，有关中国林业工程不同人工林树种对生物量固碳效果的研究鲜有报道。本书对京津风沙源治理工程区内主要人工林种类（杨树、油松、落叶松和樟子松）的地上和地下生物量固碳效果进行了分析。选择三个不同气候和土壤条件的采样点对各树种进行取样分析，从而得到各树种的地上和地下生物量碳储量的平均值。开展树种间生物量碳库差异研究不仅可为将来实施碳储存管理措施提供基础依据，而且有利于在造林过程中选择适合的固碳树种以提高碳储量。

3.1.1 植被各组分有机碳含量

人工林生态系统的有机碳含量受植被类型、物种组成和立地环境等条件影响。杨树、落叶松、油松、白桦和山杏人工林树种的平均有机碳含量在 397.9 ~ 460.0g/kg 变化。枝和根的有机碳含量无显著性差异，油松的干和叶的有机碳含量高于其他四种树种（$P<0.05$）（表 3-1）。含碳率是研究森林碳密度的关键因子，国内大多采用 0.50 或 0.45 作为森林植被的平均含碳率，很少根据不同森林类型采用不同含碳率来估算森林生态系统碳密度，造成低估或高估了某一森林生态系统的碳密度和碳储量（杨玉姣等，2014）。Lamom 和 Savidge（2006）对北美 41 个树种木质组织碳浓度的研究发现其含碳率的变化范围在 46.27% ~ 55.2%；Thomas 和 Malczowski（2007）测定的长白山 14 个温带树种木质碳浓度的波动范围在 48.4% ~51.0%；Elias 和 Potvin（2003）测定热带森林 32 个树种木质组织碳浓度在 44.4% ~49.4%；国内学者发现东北温带森林 10 个树种不同器官碳浓度波动范围在 47.1% ~51.4%，忽略种内和种间碳浓度的差异将引起森林碳储量的估算误差达到 -6.7% ~7.2%，其中种内不同器官碳浓度差异贡献率达 93%（张全智，2010）。刘恩等（2012）对南亚热带乡土阔叶树种红锥不同器官碳含量的研究发现其波动范围为 49.7% ~57.9%。马钦彦等（2002）对华北主要森林类型建群种的含碳率进行了分析，发现各器官的种内变动系数在 1.49% ~6.32%，种间变动系数在 2.15% ~7.48%。不同

树种及同一树种不同器官含碳率存在很大差异性，其可能是树种的遗传特性及其与环境的相互作用等引起的（刘恩等，2012）。

表 3-1　不同树种各组分的有机碳含量　　（单位：g/kg）

组分	杨树	落叶松	油松	白桦	山杏
干	455. 6±1. 8 ab	445. 3±18. 0 ab	463. 6±25. 0 b	447. 3±20. 8 ab	363. 0±86. 7 a
枝	394. 5±68. 6 a	441. 5±16. 0 a	444. 7±37. 5 a	440. 5±6. 3 a	381. 5±71. 4 a
叶	407. 2±5. 3 ab	400. 6±16. 9 a	478. 3±20. 8 c	442. 6±9. 9 bc	405. 0±15. 0 a
根	436. 2±1. 6 a	442. 2±23. 1 a	453. 5±44. 1 a	427. 8±9. 7 a	442. 0±14. 3 a
平均值	423. 4±19. 3 ab	432. 4±18. 5 ab	460. 0±28. 3 b	439. 6±11. 7 ab	397. 9±46. 9 a

注：同行不同字母表示在 0. 05 水平差异显著

凋落物层有机碳含量依次为针叶林（落叶松林 356. 9g/kg；油松林 344. 6g/kg）>针阔混交林(落叶松-白桦混交林 340. 9g/kg）>阔叶林(山杏林 338. 6g/kg；杨树林 326. 1g/kg)，研究结果低于中国东北 3 种林分凋落物碳含量（Li and Han，2008）。凋落物层的有机碳含量无显著差异（表 3-2）。凋落物层的有机碳含量受植被类型、分解速率、微环境和凋落物量等因素影响（Wang et al.，2008）。黄锦学等(2010）的研究表明，阔叶林的凋落物分解率高于针叶林，造成阔叶林的凋落物层有机碳含量低于针叶林。

表 3-2　不同人工林类型草本层、凋落物层和土壤层有机碳含量　　（单位：g/kg）

层次	组分	杨树	落叶松	油松	落叶松-白桦混交	山杏
草本层	地上部分	385. 2±8. 9 a	392. 8±12. 6 a	411. 0±33. 5 a	373. 6±28 a	363. 3±13. 9 a
	地下部分	360. 2±26. 1 a	364. 2±26. 8 a	339. 4±28. 6 a	311. 2±73. 3 a	348. 9±44. 8 a
	平均值	372. 7±17. 5 a	378. 5±19. 7 a	375. 2±31. 1 a	342. 4±50. 6 a	356. 1±29. 3 a
凋落物层		326. 1±80. 5 a	356. 9±79. 1 a	344. 6±75. 6 a	340. 9±22. 9 a	338. 6±28. 0 a

续表

层次	组分	杨树	落叶松	油松	落叶松-白桦混交	山杏
土壤层	0 ~ 20cm	8.9±1.2 a	36.5±0.1 c	7.3±2.7 a	21.5±3.2 b	5.2±2.2 a
	20 ~ 40cm	4.6±0.5 a	28.0±0.9 c	3.9±0.4 a	18.0±4.9 b	3.2±1.2 a
	40 ~ 60cm	4.5±0.8 a	23.5±1.7 b	2.4±0.2 a	8.4±5.6 a	2.6±0.8 a
	60 ~ 100cm	4.4±0.3 a	11.2±1.3 b	2.3±0.3 a	5.7±2.5 a	2.4±0.8 a
	平均值	5.6±0.7 a	24.8±1.0 c	4.0±0.9 a	13.4±4.1 b	3.4±1.3 a

注：同行不同字母表示在0.05水平差异显著

草本层平均有机碳含量在342.4 ~ 378.5g/kg变化（表3-2）。草本层地上部分和地下部分的有机碳含量在杨树、落叶松、油松、落叶松-白桦混交和山杏人工林类型中无显著差异；且地上部分的有机碳含量高于地下部分。

不同人工林土壤层有机碳含量随土壤深度的增加而降低（表3-2）；表层土壤有机碳含量高于下层，这是由于凋落物和根分解的有机碳进入表层土壤，其具有较高的碳积累率（Wang et al., 2006; Shi and Cui, 2010）。0 ~ 20cm土壤层的有机碳含量比60 ~ 100cm层的有机碳含量高2.0 ~ 3.8倍。落叶松人工林的土壤有机碳含量显著高于杨树、油松、落叶松-白桦混交和山杏人工林土壤有机碳含量（$P<0.05$），这可能是由于落叶松人工林的凋落物层储量较大，其分解后的有机碳进入土壤层。

人工林生态系统的有机碳含量受植被类型、物种组成和立地环境等条件影响。杨树、落叶松、油松、落叶松-白桦混交和山杏人工林树种的平均有机碳含量在397.9 ~ 464.9g/kg变化；草本层平均有机碳含量在342.4 ~ 378.5g/kg变化。本书研究的结果低于其他研究，可能是由于气候条件和植被类型不同。

凋落物层的有机碳含量受植被类型、分解速率、微环境和凋落物量等因素影响。此外，黄锦学等（2010）的研究表明阔叶林的凋落物分解率高于针叶林，造成阔叶林的凋落物层有机碳含量低于针叶林。本书研究中，凋落物层有机碳含量依次为针叶林（落叶松林 356.9g/kg；油松林 344.6g/kg）>针阔混交林(落叶松-白桦混交林 340.9g/kg）>阔叶林(山杏林 338.6g/kg；杨树林 326.1g/kg)，这与之前的研究结果一致。

3.1.2 植被各组分生物量

地上各组分生物量（包括叶、枝和干）随人工林类型变化（图 3-1）。杨树与油松、落叶松和樟子松人工林树干生物量存在显著差异（F=1.412，P<0.0001)；但枝和叶生物量则差异不显著（叶，F=1.412，P=0.309；枝，F=0.954，P=0.459)。杨树、落叶松和樟子松的树干生物量是地上生物量的主要部分，分别占 69%、46% 和 43%；但油松的树干生物量仅占地上生物量的 24%。

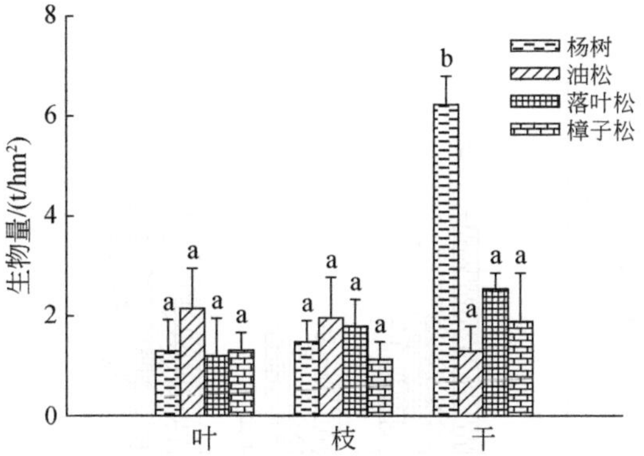

图 3-1　不同人工林地上部分各组分生物量

不同字母表示差异显著，下同

地下生物量包括根和凋落物部分。杨树、油松、落叶松和樟子松人工林的根生物量在 0.8～2.0t/hm² 变化，且差异不显著（F=2.192，P=0.167）（图 3-2）；落叶松与其他人工林的凋落物之间存在显著差异（F=22.577，P<0.0001），落叶松林凋落物生物量（3.2t/hm²）显著高于杨树林（1.1t/hm²）、油松林（1.6t/hm²）和樟子松林（0.8t/hm²）。

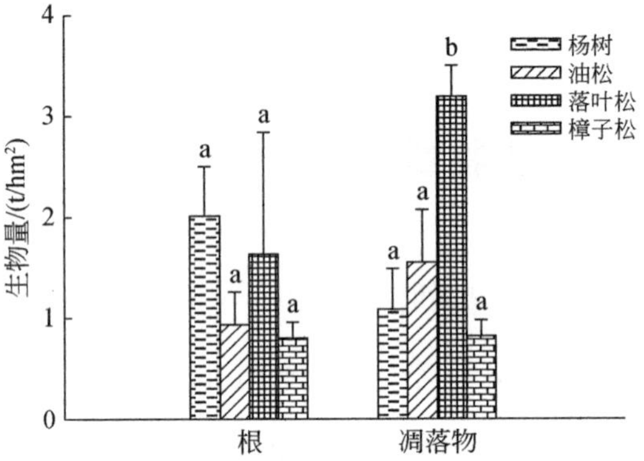

图 3-2　不同人工林地下部分各组分生物量碳库

人工林地上、地下和总生物量见图 3-3。杨树、油松、落叶松和樟子松人工林总生物量在 6.0～12.1t/hm² 变化；杨树人工林总生物量显

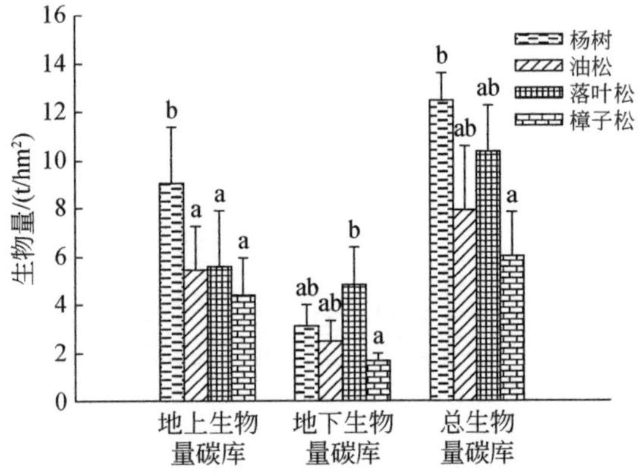

图 3-3　不同人工林地上、地下和总生物量

著高于樟子松，但与油松和落叶松差异不显著（图3-3）。地上生物量是总生物量的主要组成部分，占总生物量的53% ~74%。

3.1.3 植被各组分碳密度

在乔木层的各组分中，碳密度分配随人工林类型不同而变化（表3-3）。山杏人工林乔木层的碳密度最低（3.2t/hm^2）；落叶松人工林碳密度最高（13.3t/hm^2）。杨树、落叶松、油松、落叶松-白桦混交和山杏人工林类型中干、枝、叶的碳密度存在显著差异（P<0.05，图3-1）；但根碳密度在杨树、落叶松、油松、落叶松-白桦混交和山杏人工林类型中无显著差异。山杏人工林的乔木层碳密度低于杨树、落叶松、油松和落叶松-白桦混交人工林，这主要是由于较少的枝和叶的生物量（表3-3）。本书研究中乔木层的碳密度低于中国主要森林生态系统（57.1t/hm^2）（周玉荣等，2000），主要原因是较低的林龄和较短的恢复时间。

表3-3　不同人工林类型各组分碳密度　　（单位：t/hm^2）

层次	组分	杨树	落叶松	油松	落叶松-白桦混交	山杏
乔木层	干	5.9±4.5 ab	7.9±0.5 b	1.8±0.9 ab	3.9±0.2 ab	1.0±0.5 a
	枝	1.6±0.9 ab	2.2±0.3 b	2.6±0.5 b	4.9±0.2 c	0.3±0.1 a
	叶	1.1±0.9 ab	0.5±0.1 a	2.0±0.5 b	1.3±0.1 ab	0.3±0.1 a
	根	1.9±1.6 a	2.7±0.3 a	1.0±0.3 a	3.0±0.1 a	1.6±0.8 a
	总计	10.5±5.9 ab	13.3±1.2 b	7.4±1.7 ab	13.1±0.4 b	3.2±1.4 a
草本层	地上部分	0.4±0.3 a	0.8±0.3 a	0.4±0.1 a	0.4±0.4 a	0.1±0.1 a
	地下部分	1.7±1.1 ab	7.8±4.9 b	3.2±1.0 ab	1.9±1.5 ab	0.4±0.4 a
	总计	2.1±1.4 ab	8.6±5.0 b	3.6±1.0 ab	2.3±1.1 ab	0.5±0.4 a
凋落物层		1.0±0.7 a	3.5±2.0 a	1.9±0.3 a	3.3±1.7 a	1.2±0.5 a

注：同行不同字母表示在0.05水平差异显著

落叶松人工林中草本层的碳密度最大（8.6t/hm²）；显著高于山杏人工林的草本层碳密度（0.5t/hm²）（图3-4和表3-3）。山杏人工林中草本层的碳密度较低，可能是由于人类的干扰。草本层总碳密度的差异主要是由于地下部分存在差异，地上部分生物量和碳密度之间无显著差异。此外，落叶松人工林凋落物层碳密度最高（3.5t/hm²），杨树人工林凋落物层碳密度最低（1.0t/hm²）；并且杨树、落叶松、油松、落叶松-白桦混交和山杏人工林凋落物层碳密度无显著差异。落叶松、油松和落叶松-白桦混交林的凋落物层碳密度较高，可能是由于针叶树种的凋落物层分解较慢。

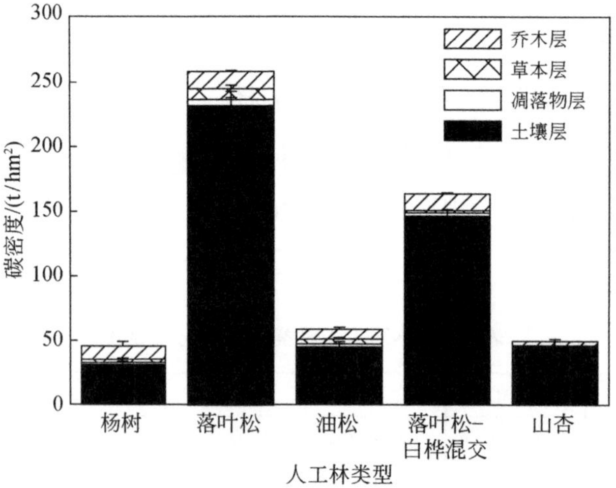

图3-4　不同人工林类型各层碳密度

碳密度的积累依赖于林龄和树种的变换。杨树、落叶松、油松、落叶松-白桦混交和山杏人工林类型在相同气候条件下生长，同时具有相似的林龄；但植被组成和立地环境不同。乔木层的碳密度低于其他研究结果，是由于较低的林龄和较短的恢复时间。山杏人工林的乔木层碳密度低于杨树、落叶松、油松和落叶松–白桦混交人工林，主要是由于较少的枝和叶的生物量。山杏人工林中草本层的碳密度也较低，可能是由于人类的干扰。落叶松、油松和落叶松–白桦混交林的凋落物层生物量和碳密度较高，可能是由于针叶树种的凋落物层分解较慢。

不同植被类型乔木层平均碳密度为8.42t/hm^2，占人工林生态系统总碳密度的9.04%。灌草层和凋落物层平均碳密度为5.55t/hm^{2}和2.05t/hm^2，分别占人工林生态系统总碳密度的5.96%和2.20%（图3-5和表3-4）。碳密度排列顺序为乔木层>灌草层>凋落物层。燕山

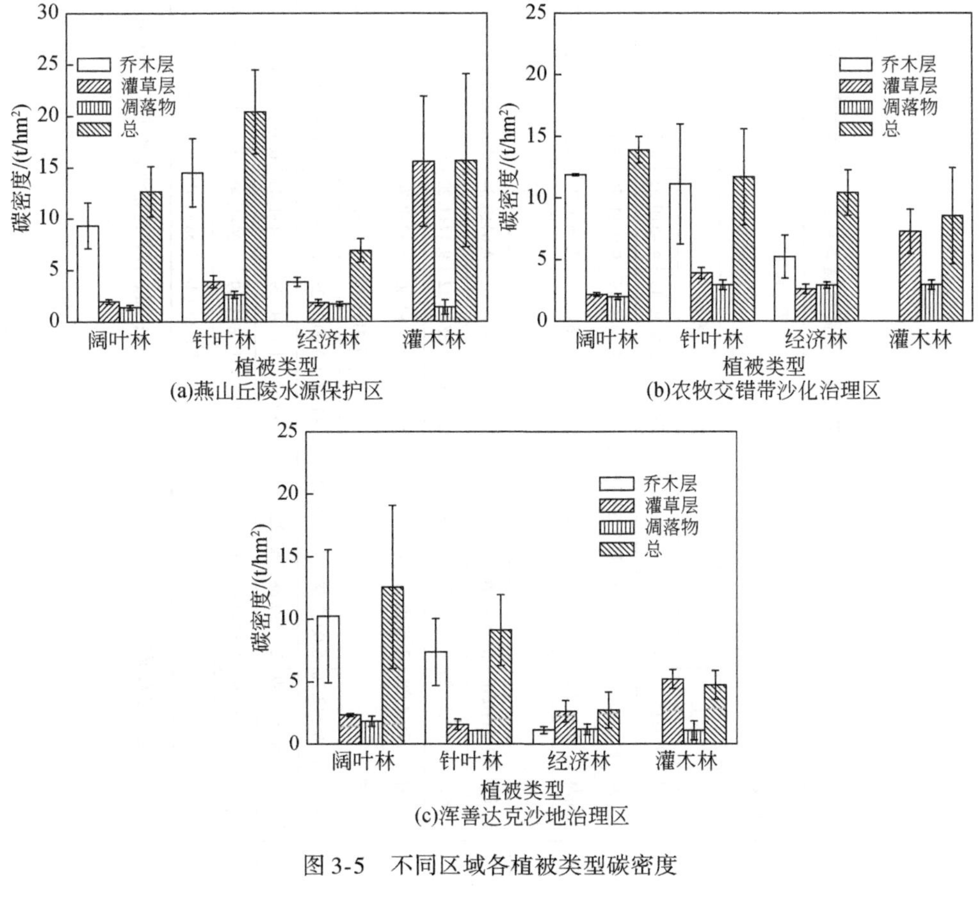

图3-5　不同区域各植被类型碳密度

表 3-4 不同区域各植被类型生物量和碳密度

区域	植被类型	乔木层生物量/(t/hm²)		乔木层碳密度/(t/hm²)		灌草层生物量/(t/hm²)		灌草层碳密度/(t/hm²)		凋落物层生物量/(t/hm²)	凋落物层碳密度/(t/hm²)	总生物量/(t/hm²)	总碳密度/(t/hm²)
		地上	地下	地上	地下	地上	地下	地上	地下				
Ⅰ	阔叶林	17.42±5.22	4.09±1.07	7.59±2.22	1.75±0.46	0.97±0.13	4.45±0.55	0.38±0.05	1.59±0.21	3.65±0.67	1.39±0.25	30.52±5.83	12.66±2.47
	针叶林	27.83±7.74	5.12±1.53	12.27±3.33	2.23±0.64	1.34±0.19	9.92±1.71	0.53±0.07	3.36±0.60	7.77±1.15	2.61±0.35	50.31±10.21	20.39±4.08
	经济林	5.91±0.92	3.25±0.69	2.43±0.43	1.42±0.31	0.76±0.14	3.86±0.71	0.32±0.06	1.53±0.29	4.66±0.53	1.71±0.20	17.15±2.60	6.91±1.14
	灌木林					25.97±14.17a	9.09±4.83	11.79±6.35a	3.79±2.06	4.26±2.12	1.42±0.70	35.36±18.97a	15.69±8.41a
Ⅱ	阔叶林	21.87±0.03	5.54±0.09	9.59±0.05	2.27±0.08	0.69±0.03	4.64±0.34	0.28±0.01	1.90±0.14	5.84±0.70	2.00±0.24	34.55±2.01	13.91±1.06
	针叶林	19.15±10.20	4.22±3.22	9.20±4.86	1.92±1.46	0.88±0.12	9.17±1.20	0.37±0.05	3.53±0.46	7.30±0.76	2.95±0.39	27.11±8.18	11.70±3.90
	经济林	9.74±4.28	2.69±0.01	4.06±1.73a	1.18±0.01	0.64±0.46	5.82±0.74	0.27±0.19	2.35±0.39	7.79±0.68	2.93±0.26	25.43±4.74a	10.41±1.85a
	灌木林					11.41±3.62	6.37±2.09	4.88±1.80	2.40±0.84	7.92±0.75	2.97±0.37	22.17±8.92	8.55±3.88
Ⅲ	阔叶林	17.68±12.26	6.00±2.88	7.66±5.32	2.57±1.26	0.90±0.23	6.81±1.35	0.28±0.05	2.07±0.12	4.83±1.03	1.86±0.41	31.38±16.12	12.58±6.52
	针叶林	15.23±5.89	2.59±0.88	6.22±2.66	1.14±0.39	1.61±0.29	3.74±1.40	0.55±0.19	1.05±0.43	3.90±0.02	1.11±0.01	23.78±6.99	9.12±2.82
	经济林	1.66±0.09	1.50±0.69	0.49±0.13a	0.63±0.29	1.96±1.49	4.96±1.90	0.75±0.56	1.89±0.86	3.57±0.41	1.18±0.43	8.42±4.48a	2.73±1.45a
	灌木林					7.18±5.04a	5.58±1.41	3.07±0.76a	2.13±0.53	3.09±2.20	1.08±0.77	11.60±2.77a	4.73±1.14a

注：Ⅰ，燕山丘陵水源保护区；Ⅱ，农牧交错带沙化治理区；Ⅲ，浑善达克沙地治理区。同列相同植被类型的相同字母表示在 0.05 水平差异显著

丘陵水源保护区针叶林乔木层（14.5t/hm^2）、灌草层（3.89t/hm^2）、凋落物层（2.61t/hm^2）碳密度高于阔叶林、经济林。农牧交错带沙化治理区和浑善达克沙地治理区阔叶林植被碳密度较高（13.91t/hm^2 和 12.58t/hm^2），三个区域经济林因为具有较低的乔木层、灌草层和凋落物层碳密度，植被碳密度较低。燕山丘陵水源保护区灌木林植被碳密度较高，说明燕山丘陵水源保护区灌木林长势良好，而农牧交错带沙化治理区和浑善达克沙地治理区阔叶林植被碳密度较高，经济林植被碳密度较低。

风沙源区人工林生态系统在中国陆地生态系统碳储量和碳平衡中起重要作用。人工林面积的增加和人工林的生长表明，人工造林和林分管理对碳汇起重大作用。第七次全国森林资源清查表明，中国人工林面积为 6168.84 万 hm^2，人工林生态系统对碳汇做出重大贡献。同时，在工程实施和管理中也发现了一些现象。例如，风沙源区经济林面积较大，为加速植被生长，林下植被被砍掉，林分管理与人工抚育对增强碳汇和人工林生产力的物质多样性造成严重破坏。在干旱和半干旱区广泛造林造成环境恶化、生态系统退化和频繁的风蚀。如果物种选择或早期土地整理和人工抚育不恰当，即使是传统造林也会有风险，人工造林可能会失败。许多退化森林生态系统可以经过自然过程恢复，因此，保护和恢复现有次生林是增加碳汇的首选方法。然而，严重退化森林生态系统的自然恢复比较困难，并且多种造林方法可以用于造林，未来的造林设计应选择合适的树种和年龄结构，实施良好的林分管理，提高物种多样性、生态功能和人类生计。

特定区域的森林碳储量受多种因素影响，如气候、太阳辐射、森林面积、林龄、物种组成、土地利用、干扰和土壤性质等。本书研究表明，针叶林碳密度较高，落叶松林碳密度最高，说明针叶树种比较适合当地的环境。经济林，如山杏，为缓解养分和水分竞争，加速植被生长，林下植被被移除，林下植被碳储量较低。阔叶林，如榆树，由于生长缓慢，碳密度较低。灌木林，如沙棘，由于根蘖生长，碳密度较高。森林面积、物种和林分结构的差异导致森林生态系统碳储量的差异。采用不同树种和林分结构增加林分面积与碳密度是增加植被碳汇的有效策略。

地上和地下生物量与碳库在区域尺度上随种类组成、气候和土壤等条件的空间异质性而变化。本书选择京津风沙源区内不同地点的 4 种主要人工林代表该区域的整体特征，杨树人工林地上生物量碳库显著高于其他 3 种针叶树种，主要是由于杨树人工林树干固碳量较大，这与其他研究结果中的阔叶树种比针叶树种具有较快的增长速率和较高的固碳能力的结论相一致。

杨树、油松、落叶松和樟子松人工林的根生物量碳库在 0.8 ~ 2.0t/hm^2 变化，与 Jackson 等（1996）提出全球根的平均固碳量在 1 ~ 5t/hm^2 相一致。杨树林树干生物量碳库高于油松、落叶松和樟子松人工林，主要是由于阔叶树种较快的生长率。不同人工林凋落物层生物量碳库在 0.8 ~ 3.2t/hm^2，与其他研究结果一致（Nosetto et al.，2006；Wang et al.，2009；Bisbing et al.，2010；Zhang and Wang，2010）。落叶松林和油松林的凋落物生物量碳库高于杨树林，可能是由于针叶树种凋落物层分解速率比阔叶树种慢；但是杨树林凋落物层碳库高于樟子松林，可能是由于杨树林具有较高的凋落物量。

估算不同人工林的固碳特征有助于为林业工程的树种选择提供基础数据。本书研究中，杨树人工林生物固碳量高于油松、落叶松和樟子松等针叶树种；此外，树种的差异能显著影响地上和地下生物量碳库的分配特征（图3-3）。尽管本书不能推荐基于增长率快慢的造林树种，但研究结果表明杨树人工林在京津风沙源治理工程中具有较高的生物固碳能力。与其他地区的人工林研究相比（表3-5），本书研究结果较低，可能是由于较小的林龄和较短的恢复时间；这也表明，工程区的人工林将在以后发挥其重要的碳汇功能。

表3-5 不同人工林地上、地下和总生物量碳库

参考文献	人工林	年平均降水量/mm	年平均气温/℃	林龄/年	地上生物量碳库/(t/hm^2)	地下生物量碳库/(t/hm^2)	总生物量碳库/(t/hm^2)
Arevalo et al., 2011	小黑杨	463	3	9	42	10.9	52.9
Bisbing et al., 2010	美国落叶松	700	4.5	<20	23.8	11.2	35
Cao et al., 2012	油松	600	9	25	17.6	9	26.6
Hu et al., 2008	小叶杨	450	6.4	11	20.4	5.6	26
	樟子松			15	16.8	5.3	22.1
Nosetto et al., 2006	美国黄松	424	6	12	12.3	17.7	30.0

3.2 京津风沙源治理工程土壤碳密度

3.2.1 土壤有机碳变化

在整个0～100cm土层，山西省大同市24年油松的土壤有机碳密度增加，增加的速率为38.3g/(m^2·a)，碳增汇主要发生在0～20cm表土层中。仁用杏和8年油松样地有机碳密度降低幅度较大，降低速率分别为 115.3g/(m^2·a) 和 109.8g/(m^2·a)。

在仁用杏、8 年油松、杨树和 24 年油松样地 0 ~ 100cm 土层中，分别有 171.5g/m^2、95.0g/m^2、66.4g/m^2 和 15.6g/m^2 的土壤全氮密度消耗，消耗速率分别为 19.1g/(m^2·a)、11.9g/(m^2·a)、8.30g/(m^2·a) 和 0.65g/(m^2·a) [图 3-6 (b) 和图 3-7 (b)]。杨树和 24 年油松样地表层有轻微的氮积累，但深层氮密度却有所减小 [图 3-8 (b)]。在 24 年油松、仁用杏、8 年油松和杨树样地 0 ~ 100cm 土层中，土壤全磷也处于消耗状态，其消耗速率分别为 2.53g/(m^2·a)、5.18g/(m^2·a)、3.24g/(m^2·a) 和 0.24g/(m^2·a)。除在杨树样地 0 ~ 10cm 以及 60 ~ 100cm 土层中磷有所积累外，其他样地各土层的土壤全磷储量均有所减小 [图 3-7 (c) 和图 3-8 (c)]。

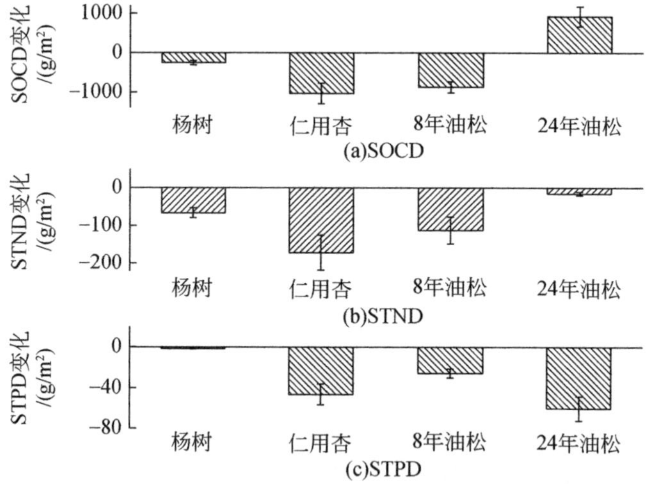

图 3-6 山西省大同市不同树种造林后土壤有机碳密度（SOCD）、土壤全氮密度（STND）和土壤全磷密度（STPD）变化总量

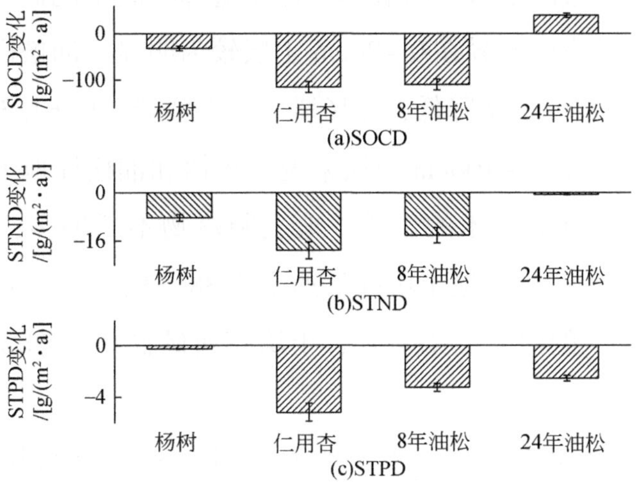

图 3-7　山西省大同市不同树种造林后土壤有机碳密度（SOCD）、土壤全氮密度（STND）和土壤全磷密度（STPD）年变化率

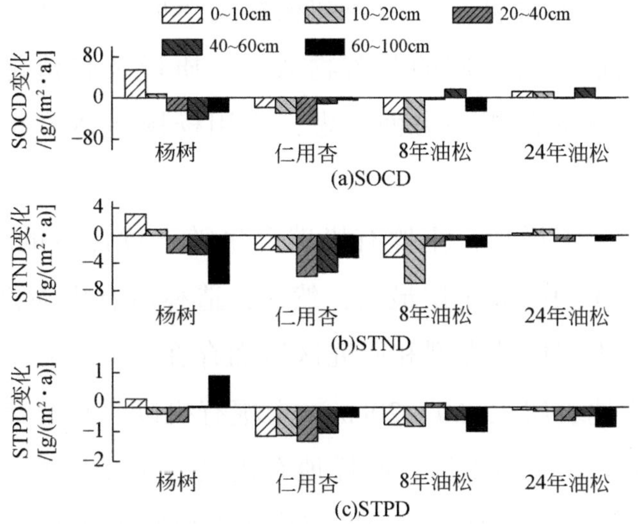

图 3-8　不同树种造林后不同土层中土壤有机碳密度（SOCD）、土壤全氮密度（STND）和土壤全磷密度（STPD）年变化率

耕地造林土壤碳汇效应因造林树种和造林时间不同而存在差异。造林初期，碳汇效应的差异在0～20cm土层较为明显，油松样地土壤碳以97.56g/(m^2·a)的速率降低，而杨树样地土壤碳却以61.52g/(m^2·a)的速率增加。对于0～100cm土层来说，杨树和油松样地土壤有机碳储量均有所降低。随着树木的生长，地表凋落物不断增多，土壤有机碳逐渐积累。24年油松样地土壤碳汇速率为38.33g/(m^2·a)。该研究与Paul等（2002）的研究结果一致，土壤有机碳储量初期减小，随后逐渐增加。

土壤碳、氮和磷消耗速率表现为仁用杏>油松>杨树，表明经济林对土壤碳和氮的影响要大于防护林，常绿针叶林的影响要大于落叶阔叶林，这是树种差异和管理措施影响的生态过程引起的。仁用杏是经济林，含有大量的人为管理如除草和收获等，这些措施将导致土壤碳氮含量的降低。仁用杏和杨树为落叶阔叶林，而油松为常绿针叶林，它们有着不同的凋落物数量、质量及腐殖化速率。从土壤碳汇和理化性质的提高方面考虑，应用杨树造林替代仁用杏和油松造林。

在所有的调查样地，土壤有机碳含量随土壤深度的增加而降低。有机碳含量在0～10cm土层最高，然而，造林后有机碳含量随土壤剖面的分布又因不同植被类型和研究区域而存在差异。在工程区南部和西部，杨树样地表层土（0～20cm）土壤有机碳含量显著高于柠条锦鸡儿样地，而在内蒙古地区，两样地有机碳含量相差不大。在工程区南部和西部，杨树样地有机碳浓度变化速率分别为0.14～0.57g/(kg·a)和0.02～0.59g/(kg·a)，变化范围要宽于柠条锦鸡儿样地的0.1～0.39g/(kg·a)和0～0.09g/(kg·a)。而在工程区北部，杨树样地

[0.03～0.16g/(kg·a)] 土壤有机碳含量的变化幅度小于柠条锦鸡儿样地 [-0.02～0.25g/(kg·a)]。对所有样地而言，表层土壤有机碳增量要大于深层土壤。

造林初期土壤有机碳储量减少，杨树、油松和仁用杏的碳消耗量分别为250g/m^2、880g/m^2 和 1040g/m^2。不同树种对土壤有机碳密度影响的差异是由风蚀作用引起的生态学过程和树种引起的生物学过程造成的。研究区风蚀作用较强，使得大量土壤有机碳和土壤养分丢失。随着树木的生长，地表凋落物不断增多，地表风蚀作用逐渐减弱。然而，地表风蚀过程又因树种不同而存在较大差异，低盖度的林地地表风蚀作用较强。本书研究中杨树样地盖度较低，而油松地表盖度较高，这表明杨树样地地表风蚀作用要强于油松样地。同时由于树种生理学的差异，杨树年凋落量远远大于油松，但凋落物腐殖化率却远远小于油松，使得杨树构建和维持土壤有机碳含量的能力要高于油松。造林后土壤碳的减少可由多种因素造成，包括额外的丛枝菌根的分解、更少的根系生物量以及更低的土壤团聚体的碳稳定性。

对于同一树种不同林龄而言，8 年油松样地土壤表现为碳消耗，而24 年油松样地表现为碳积累，这表明造林初期土壤碳消耗，后期才逐渐积累，这可能是由于造林初期的整地破坏了土壤团聚体结构，土壤透气性、温湿度以及微生物呼吸逐渐增强，从而加快了土壤有机碳的分解。随着树木的生长，凋落物的增加和风蚀作用的减弱使得土壤有机碳含量逐渐积累。

碳汇主要发生在地表 0～20cm 土层。土壤有机碳含量的积累主要发生在杨树和 24 年油松样地表层土，深层土壤有机碳含量略有消耗或保持不变，这是由于凋落物和根系残体主要在地表分解。同时，由于研究区属于半干旱大陆性气候，土壤有机碳很容易在地表分解，较少的土壤有机碳与养分能输入和淋溶到深层土中。

用速生树种如杨树和油松造林，由于初期其对土壤养分的吸收及较少的凋落物归还，土壤肥力将下降。本书研究中，造林后土壤氮和磷的含量与储量均有所下降。仁用杏样地土壤氮和磷消耗速率最高，而杨树最低，这主要是因为仁用杏属于经济林，有大量的人为管理，这些管理措施一方面限制了凋落物的归还，另一方面便于地表土被刮走，不利于地表植被生长和土壤养分积累。同时，由于树种的生物学差异，杨树叶片氮和磷的含量要高于油松叶片，年凋落量多于油松，且叶分解速率也快于油松。当叶片落于地表，杨树样地有更多的养分归还于土壤中，使得杨树样地土壤氮和磷的消耗速率低于油松样地。

24 年油松氮消耗速率低于 8 年油松消耗速率，表明氮在造林初期出现消耗，后期逐渐积累。初期土壤氮储量显著减小是由初期整地及地表风蚀过程造成的。随着树木生长，凋落物和林地盖度逐渐增加，导致氮在土壤中逐渐积累。同时，24 年油松样地土壤全磷消耗量大于 8 年油松样地，表明造林 24 年后，虽然消耗速率逐渐降低，但土壤全磷一直处于消耗状态。由此可知，造林后土壤中氮和磷含量变化不一致，对油松而言，土壤氮积累要早于土壤磷积累。

土壤容重是表征土壤养分含量、土壤持水能力和气体渗透能力的重要参数。本书研究中，造林后表层土壤容重显著减小，而深层容重变化不明显，这主要是因为造林初期存在整地过程以及有大量的草本生长，后期随着树木的生长，地表凋落物逐渐增多，且大多数根系和动植物残体聚集在土壤表层，有效减小了土壤容重。对于同一林龄而言，杨树土壤容重的减少量要大于油松土壤容重的减少量。对同一树种不同林龄而言，24 年油松表层容重的减少量要小于 8 年油松容重的减少量。这表明油松在造林初期能有效地提高土壤物理属性，但在后期却使得土壤发生板结，其原因在于造林后随着树木的生长，林地郁闭度逐渐增大，限制了林下植被的生长。难分解的针叶凋落物和更少的草本凋落物使得 24 年油松样地土壤出现轻微的退化。

3.2.2 土壤有机碳密度

不同人工林类型土壤碳密度占总碳密度的 65.8% ~88.7%，这与 He 等（2013）的研究的南方人工林结果相一致。此外，0 ~40cm 土壤层碳密度占 0 ~60cm 土壤层碳密度的 71.2% ~83.4%，这主要是由于凋落物和细根分解后形成的有机碳进入土壤表层。

本书研究中，落叶松林和落叶松-白桦混交林的土壤碳密度较高，分别为 232.5t/hm^2 和 146.1t/hm^2，显著高于杨树、油松和山杏人工林（图 3-9），这可能是由于林内草本层和凋落物层生物量较高，分解后进入土壤碳库的有机碳较多。土壤层的碳密度随土壤深度的增加而减少；同时，0 ~40cm 土壤层储存土壤总碳密度的 54.3% ~71.7%，这与之前的研究结果相一致（Zheng et al.，2008；Wang et al.，2009）。0 ~40cm 土壤层碳密度较大，这主要是由于凋落物和细根分解后形成的有机碳进入土壤表层。

碳密度的积累依赖于林龄和树种的变换（Somogyi et al.，2007）。

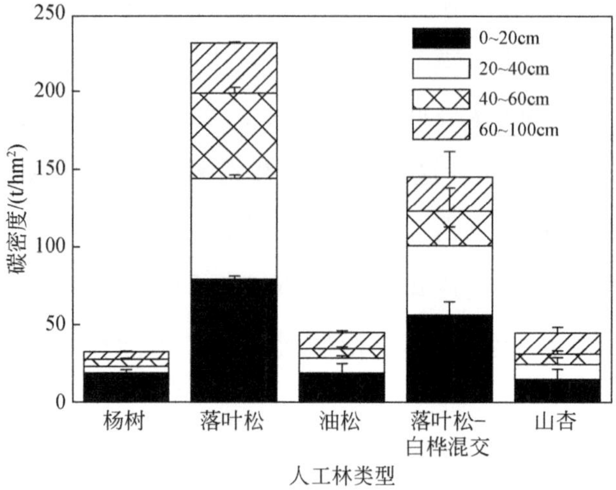

图 3-9　不同人工林类型土壤层碳密度

杨树、落叶松、油松、落叶松-白桦混交林和山杏人工林在相同气候条件下生长，同时具有相似的林龄，但植被组成和立地环境不同。在不同人工林类型总碳密度图中（图 3-4），落叶松人工林（258.0t/hm^2）和落叶松-白桦混交林（163.4t/hm^2）显著高于杨树（45.5t/hm^2）、油松（58.9t/hm^2）和山杏（49.4t/hm^2）3 种人工林类型。土壤层碳密度占总碳密度的 69.0% ~90.1%，这与 Peichal 和 Arain（2006）研究的加拿大温带油松人工林结果（23% ~92%）及 Devi 等（2013）研究的印度北部不同人工林生态系统结果（58.5% ~82.5%）相一致。树木层碳密度占 5.2% ~23.2%，草本层和凋落物层分别占人工林总碳密度的 1.0% ~6.0% 和 1.5% ~3.3%。

土壤有机碳密度沿土壤剖面的分布也因不同植被类型和气候区域而存在差异（图 3-10 和图 3-11）。在工程区南部（大同），杨树和柠条锦鸡儿样地 5 个土壤剖面（0 ~ 10cm、10 ~ 20cm、20 ~ 40cm、40 ~

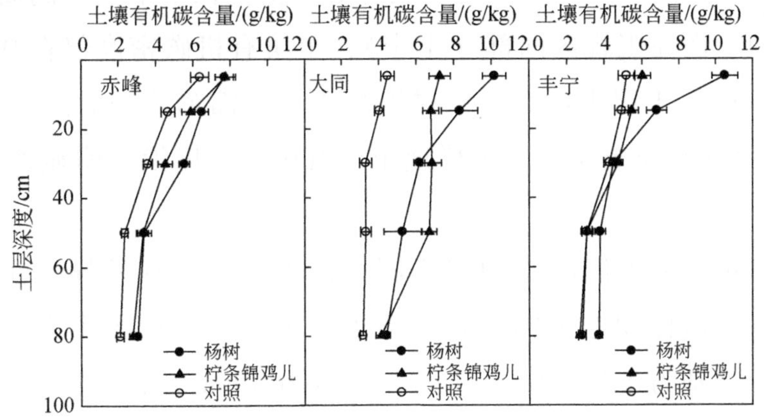

图 3-10　不同地区造林样地和对照样地的土壤有机碳含量分布

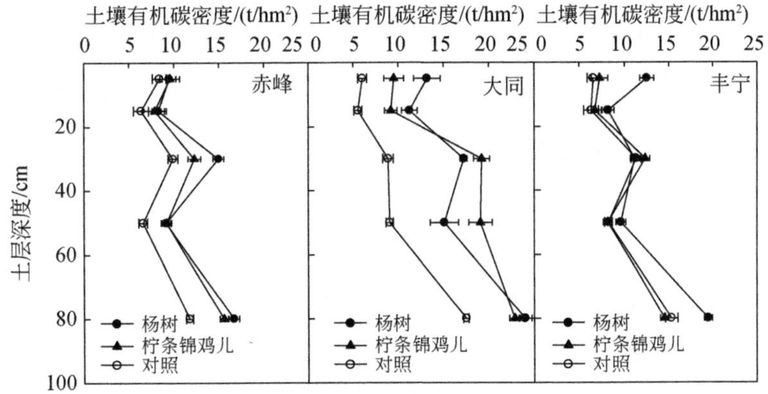

图 3-11　不同地区造林样地和对照样地的土壤有机碳密度分布

60cm 和 60～100cm）碳储量均显著高于对照样地。其中在 0～10cm 和 10～20cm 土层，杨树样地有机碳密度分别为 13.2t/hm^2 和 11.3t/hm^2，比柠条锦鸡儿样地相应土层分别高 33% 和 21%。然而在 20～40cm 和 40～60cm 土层，有机碳密度分别为 17.3t/hm^2 和 15.1t/hm^2，比柠条锦鸡儿样地相应土层分别低 12% 和 26%。工程区北部（赤峰）与南部类似，杨树和柠条锦鸡儿样地土壤有机碳密度在整个土壤剖面均高于对照样地。而在工程区西部（丰宁），土壤有机碳密度仅在 0 ~ 10cm 和 60 ~ 100cm 土层表现为杨树样地高于柠条锦鸡儿和对照样地（$P>0.05$），而在其他土层，三个样地土壤有机碳密度没有明显差异（$P<0.05$）。

造林对土壤碳汇的影响因不同植被类型而存在差异。在工程区南部，杨树造林和柠条锦鸡儿造林土壤碳汇速率相差不大，在整个土壤剖面分别为 3.76t/(hm^2 · a) 和 3.67t/(hm^2 · a)（图 3-12）。杨树样地整个剖面土壤有机碳积累相对较为均匀，而柠条锦鸡儿样地，积累主要集中于 20 ~ 60cm 土层。土壤表层有机碳积累表现为杨树>柠条锦鸡儿，而深层积累则表现为杨树<柠条锦鸡儿。在工程区北部，柠条锦鸡儿样地土壤有机碳积累速率大于杨树样地。除表层积累外，深层也有大量积累。然而，工程区西部情况与北部正好相反，柠条锦鸡儿样地土壤有机碳积累显著低于杨树样地（图 3-13）。

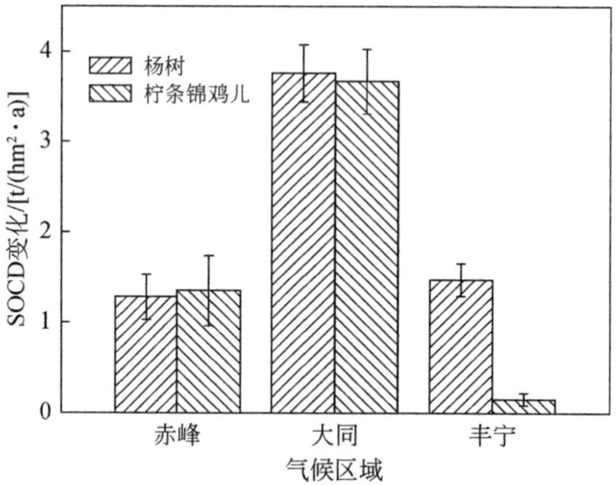

图 3-12　不同地区、不同植被类型下土壤有机碳密度（SOCD）变化情况

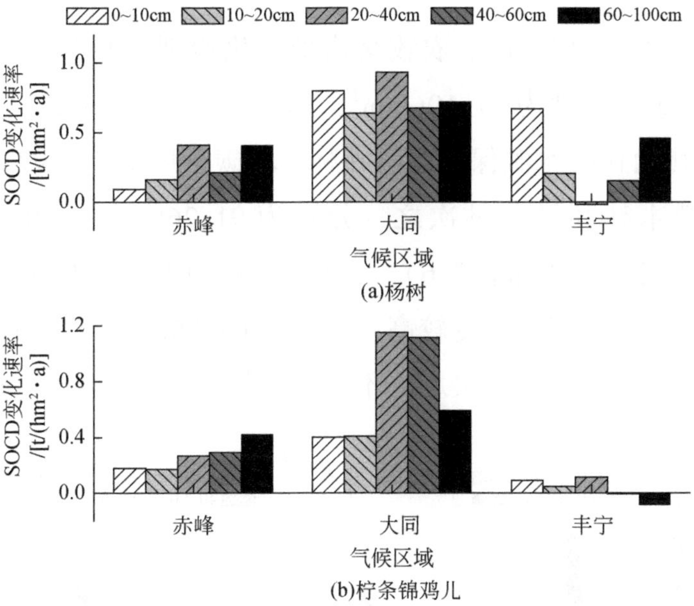

图 3-13　不同地区、不同植被类型下各土层土壤有机碳密度（SOCD）变化情况

气候对土壤有机碳积累的影响又因植被类型而存在一定差异。对杨树而言，土壤有机碳积累速率在不同风沙源区表现为南部（大同）>西部（丰宁）>北部（赤峰），积累速率分别为 3. 76t/(hm^2·a)、1. 47t/(hm^2·a) 和 1. 28t/(hm^2·a)（图 3-12）。在工程区南部地区，各个土层均有较大程度积累，且各层积累量均大于北部和西部。在北部地区，土壤有机碳深层积累相对较大，而在工程区西部地区，土壤有机碳表层（0 ~ 10cm）积累相对较大，高于工程区北部地区，但在深层 20 ~ 40cm 积累量小于工程区北部地区（图 3-13）。对于柠条锦鸡儿而言，土壤有机碳积累速率表现为南部>北部>西部，积累速率分别为 3. 67t/(hm^2·a)、1. 35t/(hm^2·a) 和 0. 16t/(hm^2·a)（图 3-12），工程区南部和北部各土层均有一定程度积累，而西部仅在表层

有所积累。

燕山丘陵水源保护区、农牧交错带沙化治理区和浑善达克沙地治理区平均土壤碳密度为 77.10t/hm^2，约占人工林生态系统总碳密度的 82.80%。燕山丘陵水源保护区阔叶林土壤碳密度最高（97.10t/hm^2），针叶林、灌木林和经济林次之，分别为 91.26t/hm^2、70.78t/hm^2 和 61.98t/hm^2（图 3-14 和表 3-6）。农牧交错带沙化治理区和浑善达克沙地治理区针叶林土壤碳密度较高，分别为 64.76t/hm^2 和 130.80t/hm^2，阔叶林、经济林和灌木林次之。不同区域同一植被类型浑善达克沙地

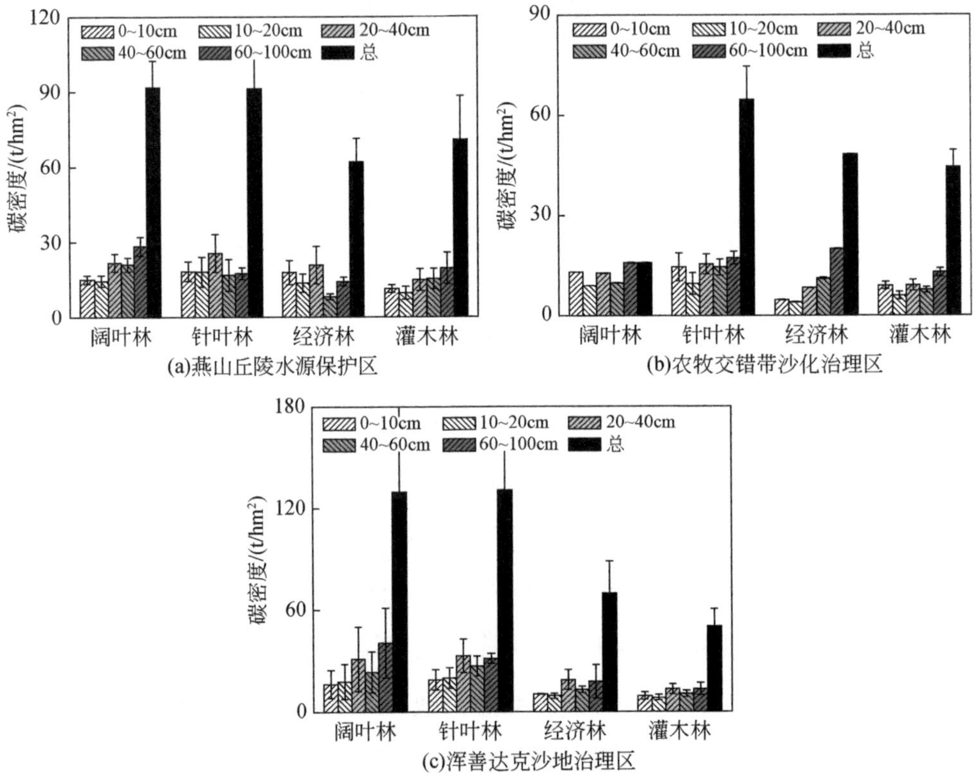

图 3-14　不同区域各植被类型土壤碳密度

表 3-6　不同区域不同植被类型土壤密度、有机碳含量和土壤碳密度

植被类型	土壤深度/cm	燕山丘陵水源保护区			农牧交错带沙化治理区			浑善达克沙地治理区		
		土壤畓度/(g/cm³)	有机碳含量/(g/kg)	土壤碳密度/(t/hm²)	土壤密度/(g/cm³)	有机碳含量/(g/kg)	土壤碳密度/(t/hm²)	土壤密度/(g/cm³)	有机碳含量/(g/kg)	土壤碳密度/(t/hm²)
阔叶林	0～10			15.02±1.65	1.25±0.05	10.51±0.02	13.14±0.03	1.19±0.09	14.96±8.43	16.45±8.16
	10～20	1.38±0.04	10.61±1.77	14.46±2.21	1.33±0.04	6.79±0.03	9.06±0.02a	1.34±0.08	13.99±8.42	17.92±10.29a
	20～40	1.36±0.05	8.34±1.65	21.78±3.51a	1.43±0.07	4.49±0.04a	12.82±0.04 ab	1.38±0.04	11.63±7.27a	31.16±18.99b
	40～60	1.41±0.05	7.62±1.10	21.04±2.69a	1.55±0.01	3.20±0.02	9.91±0.04 ab	1.38±0.03	8.59±4.52	23.49±12.09b
	60～100	1.41±0.03a	5.06±0.72	28.33±3.74	1.07±0.09 ab	3.72±0.06	15.93±0.09a	1.40±0.03b	7.32±3.76	40.66±20.46a
	平均	1.39±0.03	8.00±1.04	97.10±10.65	1.33±0.02	5.74±0.20a	60.86±1.04a	1.34±0.05	11.30±6.46a	129.68±69.71a
针叶林	0～10	1.26±0.05	15.54±4.22	18.31±3.86	1.33±0.04a	11.35±3.59	14.61±4.18	1.12±0.05a	18.12±5.94	19.04±5.95
	10～20	1.32±0.05	14.68±5.50a	18.09±5.98a	1.29±0.05	7.37±2.58 ab	9.61±3.29 ab	1.27±0.04	16.13±4.94b	20.14±6.01b
	20～40	1.34±0.05	10.32±3.53a	25.55±7.58	1.41±0.04	5.65±1.28 ab	15.52±3.01a	1.37±0.05	12.49±3.74b	33.10±9.69a
	40～60	1.38±0.06	6.69±2.92	16.83±6.33	1.31±0.09	5.59±0.84	14.61±2.38	1.41±0.05	9.94±2.25	27.09±5.79
	60～100	1.49±0.02a	2.94±0.39a	17.47±2.41a	1.13±0.02 ab	3.83±0.34b	17.35±1.91b	1.44±0.04b	5.49±0.56 ab	31.43±2.94 ab
	平均	1.36±0.05	10.03±4.02	91.26±22.73	1.29±0.01	6.76±2.05	64.76±9.92a	1.32±0.04	12.43±3.34	130.80±27.13a
经济林	0～10	1.30±0.03a	14.09±4.03a	17.81±4.83a	0.96±0.02 ab	4.92±0.08a	4.72±0.07a	1.20±0.11b	8.83±0.92	10.45±0.16a
	10～20	1.34±0.04	10.56±2.99a	13.63±3.60a	1.08±0.08	3.75±0.20a	4.04±0.12 ab	1.39±0.05	6.78±0.98	9.45±1.55b
	20～40	1.45±0.05	7.31±2.70	20.77±7.44a	1.28±0.02	3.24±0.03	8.29±0.10 ab	1.39±0.02	6.74±2.02	18.86±5.84b
	40～60	1.44±0.06	2.82±0.42	8.12±1.22	1.39±0.03	4.01±0.06	11.16±0.21	1.48±0.11	4.50±0.97	13.09±1.91
	60～100	1.45±0.08	2.47±0.33	14.19±1.73	1.38±0.01	3.62±0.03	20.07±0.06	1.49±0.07	3.08±1.78	17.84±9.71
	平均	1.40±0.04	7.45±3.43a	61.98±9.31	1.22±0.03	3.91±0.12a	48.27±0.12	1.39±0.04	5.99±1.31	69.69±19.17
灌木林	0～10	1.42±0.03	8.06±1.22	11.37±1.57	1.31±0.04a	6.88±0.92	8.96±1.10	1.50±0.03a	6.36±1.54	9.34±2.28
	10～20	1.41±0.05	6.87±1.79	9.65±2.56	1.30±0.06a	4.50±0.76	5.94±1.11	1.49±0.04a	5.61±1.15	8.35±1.72
	20～40	1.45±0.04	5.07±1.42	14.96±4.35	1.33±0.07a	3.33±0.57	9.00±1.65	1.53±0.04a	4.31±0.90	13.46±2.95
	40～60	1.42±0.03	5.33±1.42	15.30±4.09	1.36±0.07a	2.80±0.29	7.62±0.88	11.53±0.03a	3.47±0.67	10.60±2.05
	60～100	1.38±0.02	3.52±1.10	19.51±6.28	1.27±0.11a	2.66±0.42	12.91±1.28	1.55±0.03a	2.67±0.72	13.54±3.67
	平均	1.42±0.02	5.77±1.30	70.78±17.47	1.31±0.04a	4.03±0.49	44.43±5.09	3.52±0.03a	4.48±0.96	50.18±10.36

注：同列相同植被类型的相同字母表示在 0.05 水平差异显著

治理区阔叶林、针叶林和经济林土壤碳密度高于燕山丘陵水源保护区和农牧交错带沙化治理区，燕山丘陵水源保护区灌木林土壤碳密度高于另外两个区域。

土地利用变化改变土壤剖面的有机碳含量分布。在本书研究中，土壤有机碳含量随土层深度的增加而减小，表层含量相对较高，深层含量较低。然而，土壤有机碳含量沿土壤剖面的分布因不同植被类型和气候区域而存在较大差异。因为树种和微气候对植物根生物量、凋落物量及土壤侵蚀等有重要影响，从而导致土壤碳汇在空间上存在较大差异。在工程区南部，杨树样地表层（0～20cm）碳汇量显著大于柠条锦鸡儿，而在深层（20～100cm）显著小于柠条锦鸡儿。杨树样地表层大的碳汇量与较高的碳输入量有关。由于不同树种的生理学差异，杨树生物量远远大于柠条锦鸡儿，其产生的较大地表凋落物量有利于地表有机碳的积累。此外，杨树为速生树种，植被的生长从土壤中吸收大量的养分元素如氮、磷等，相反柠条锦鸡儿为固氮树种，有利于土壤氮的积累。土壤中氮含量的增加有利于土壤有机碳的积累（Chang et al.，2012），从而造成工程区北部柠条锦鸡儿样地深层有机碳储量高于杨树样地，0～20cm和40～100cm土层有机碳积累均表现为柠条锦鸡儿样地大于杨树样地，可能是因为柠条锦鸡儿为固氮树种，生物固氮作用增加土壤氮含量从而增加土壤有机碳的积累。同时柠条锦鸡儿作为较好的防风固沙树种，其植被冠层贴近地面，能有效地减少近地表的风蚀作用（Binkley et al.，2004），阻止地表碳含量相对较高的细土被吹走，同时使得部分尘土地表沉降，该部分土成为土壤碳的另一个来源。柠条锦鸡儿样地较高的表层土壤有机碳通过淋溶作用和土壤动物的扰动增加了深层土壤有机碳的积累。

在工程区西部，降水量相对较低，远远小于蒸发量，同时土壤持水能力较低，较低的土壤含水量限制了柠条锦鸡儿的生长。因为柠条锦鸡儿对土壤含水量较为敏感，在干旱地区其生长状况极大地受含水量的控制。较少的地表凋落物使得柠条锦鸡儿样地表层土壤有机碳积累相对较低。同时由于研究区降水量较低，淋溶作用弱，表层对深层有机碳的补给作用较弱，从而使得柠条锦鸡儿样地在整个土壤剖面的有机碳积累小于杨树样地。

研究发现工程区农田造林有效地增加了土壤碳储量，土壤碳汇效果又因植被类型和造林区域而存在较大差异。在整个土壤剖面，柠条锦鸡儿样地土壤碳积累速率表现为南部>北部>西部，而杨树样地则表现为南部>西部>北部。基于不同的植被类型气候区域，本研究估算出京津风沙源治理工程区农田造林后土壤碳汇速率为 0.15 ~3.76t/(hm^2·a)，杨树为 1.32 ~3.76t/(hm^2·a)，柠条锦鸡儿为 0.15 ~3.67t/(hm^2·a)。研究区农田造林后土壤碳储量的增加与其他学者研究结果较为一致（Huntington，1995；Wang et al.，2011；Wang Z et al.，2012）。由于工程区造林面积巨大，京津风沙源治理工程在缓解大气 CO_2 浓度升高及维持全球碳平衡方面发挥了重要的作用。

自 20 世纪 70 年代以来，我国实施了一批生态建设工程，这使得我国成为全世界再造林面积最大的国家（Piao et al.，2009）。京津风沙源治理工程就是其中之一，该工程治理面积超过 1800 万 hm^2，在 2000 ~ 2010 年大约有 260 万 hm^2 耕地转变为林地。该工程对区域生态工程的改善和碳汇有着重要的作用。

3.3 京津风沙源治理工程生态系统碳密度

人工林生态系统碳密度区域差别较大。燕山丘陵水源保护区、农牧交错带沙化治理区和浑善达克沙地治理区人工林生态系统碳密度分别为 94.2t/hm^2、65.7t/hm^2 和 102.4t/hm^2（表 3-4、表 3-6 和图 3-15）。燕山丘陵水源保护区人工林生态系统平均植被碳密度为 13.9t/hm^2，明显高于农牧交错带沙化治理区（11.1t/hm^2）和浑善达克沙地治理区（7.3t/hm^2）（表 3-4 和图 3-15）。燕山丘陵水源保护区、农牧交错带沙化治理区和浑善达克沙地治理区人工林生态系统平均土壤碳密度分别为 80.3t/hm^2、54.6t/hm^2 和 95.1t/hm^2（表 3-6 和图 3-15）。

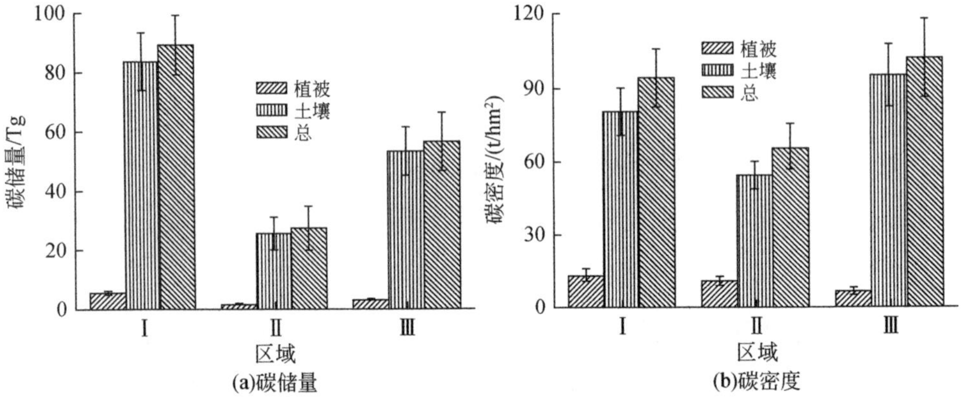

图 3-15 不同区域人工林生态系统碳储量和碳密度

Ⅰ，燕山丘陵水源保护区；Ⅱ，农牧交错带沙化治理区；Ⅲ，浑善达克沙地治理区

不同植被类型森林生态系统总碳储量和各组分碳储量差异显著（表 3-4）。阔叶林碳密度介于 53.0 ~ 278.2t/hm^2（平均 108.9t/hm^2），

针叶林碳密度介于 49.7 ~ 229.8t/hm² (平均 109.3t/hm²), 经济林碳密度介于 35.0 ~ 110.4t/hm² (平均 66.7t/hm²), 灌木林碳密度介于 22.4 ~ 109.6t/hm² (平均 64.8t/hm²) (图 3-16)。人工林生态系统总碳储量为 173.0Tg C, 阔叶林、针叶林、经济林和灌木林分别为 42.3Tg C、71.7Tg C、28.0Tg C 和 31.1Tg C (图 3-16)。落叶松林和沙棘林碳储量最大, 植被碳储量分别为 23.4t/hm² 和 22.0t/hm², 植被和土壤总碳储量分别为 165.5t/hm² 和 78.7t/hm²。榆树林和山杏林碳储量较低, 植被碳储量分别为 4.2t/hm² 和 6.2t/hm², 生态系统总碳储量分别为 83.9t/hm² 和 71.5t/hm²。

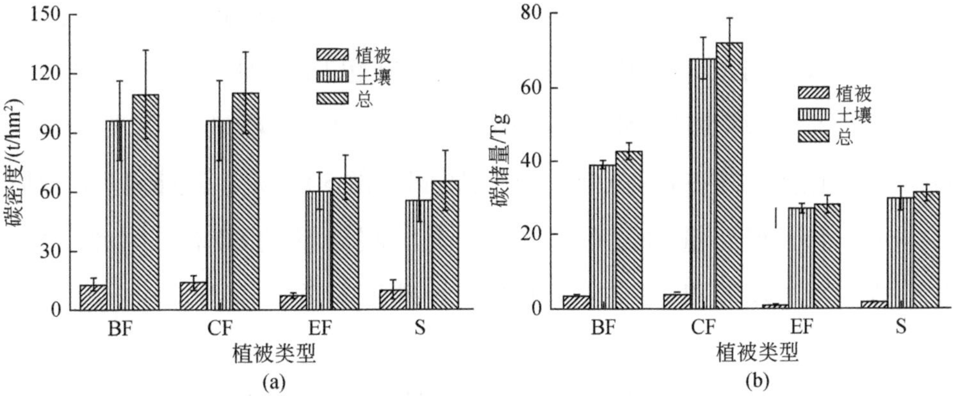

图 3-16 不同植被类型碳密度 (a) 和碳储量 (b)

BF, 阔叶林; CF, 针叶林; EF, 经济林; S, 灌木林

工程区人工林生态系统平均碳密度为 93.1t/hm², 森林植被碳密度为 25.1t/hm²。碳密度区域差别较大, 燕山丘陵水源保护区、农牧交错带沙化治理区和浑善达克沙地治理区植被平均碳密度分别为 13.9t/hm²、11.14t/hm² 和 7.29t/hm², 土壤平均碳密度分别为 80.3t/hm²、54.6t/hm² 和 95.1t/hm²。森林生态系统的碳密度区域差异主要与气候

和土壤性质差异有关，表明风沙源区造林增加固碳潜力的主要方式是适地适树。其他研究表明，中国森林植被碳密度为 42 ~ 50t/hm^2（人工林 15 ~ 32t/hm^2）（Fang et al.，2001），35 ~ 39t/hm^2（林清山和洪伟，2009），6.47 ~ 118.1t/hm^2（王效科等，2001）。形成差异的主要原因是风沙源区人工林是幼龄林，也说明工程区人工林固碳潜力较大。森林碳储量主要包括乔木层、灌草层、凋落物层和土壤层（0 ~ 100cm）的碳储量，碳密度分别为 8.42t/hm^2、5.55t/hm^2、2.05t/hm^2 和 77.1t/hm^2。中国森林生态系统植被、凋落物和土壤平均碳密度分别为 57.1t/hm^2、8.21t/hm^2 和 193.6t/hm^2。研究区较低的植被和土壤碳密度可能是因为单一造林树种、较低林龄和生物量、单一林分结构和功能及较少的植被恢复时间的影响。林分管理措施包括物种选择、土地整理、人工抚育应以增加植被碳储量为目的。土壤碳储量主要分布在 0 ~ 40cm 土层，约占 0 ~ 100cm 土层碳储量的 50.5%。热带亚热带地区 0 ~ 40cm 土层碳储量约占 0 ~ 100cm 土层碳储量的 60%，因此，保护人工林表层土壤有机碳对提高生态系统碳汇起重要作用。

3.4 京津风沙源治理工程碳汇增量

3.4.1 京津风沙源治理工程基线值碳密度

基线值确定是采用空间代替时间的方法，在工程区附近选择对照样地分析碳密度现状，以此作为工程实施前的基线值。在京津风沙源治理工程区内按不同省（自治区、直辖市）分别调查配对分析样地来确定基线值，其中，河北 14 个配对分析样地（6 个退耕还林对照、8 个荒山造林对照）；山西 6 个配对分析样地（6 个荒山造林对照）；内蒙古 10 个配对分析样地（3 个封育对照、2 个退耕还林对照、5 个人工造林对照）。

河北风沙源区阔叶林基线值碳密度为 146.9t/hm^2（132.0～172.4t/hm^2），针叶林基线值碳密度为 54.2t/hm^2（20.7～85.6t/hm^2），灌草基线值碳密度为 73.3t/hm^2（29.6～165.1t/hm^2）；山西风沙源区阔叶林基线值碳密度为 57.0t/hm^2（43.7～66.7t/hm^2），针叶林基线值碳密度为 64.6t/hm^2（55.5～75.9t/hm^2），灌草基线值碳密度为 67.1t/hm^2（47.3～78.1t/hm^2）；内蒙古风沙源区灌草碳密度为 64.9t/hm^2（40.4～89.5t/hm^2）（图 3-17）。河北风沙源区为山区，阔叶林、针叶林和灌草基线值碳密度相差较大，阔叶林基线值碳密度高于灌草和针叶林。山西和内蒙古风沙源区处于高原区，阔叶林、针叶林和灌草基线值碳密度相差不大，灌草基线值碳密度高于针叶林和阔叶林。

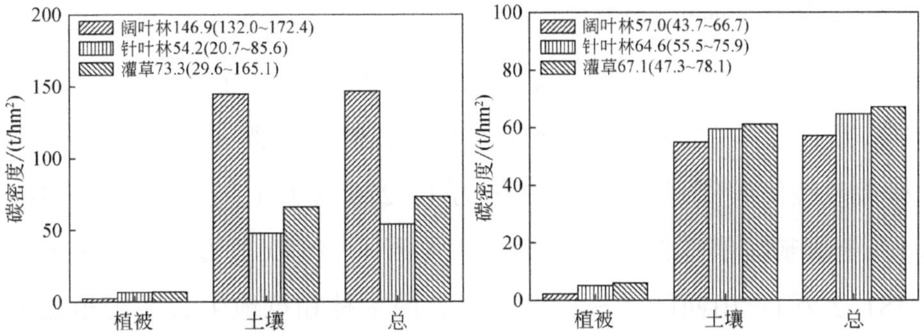

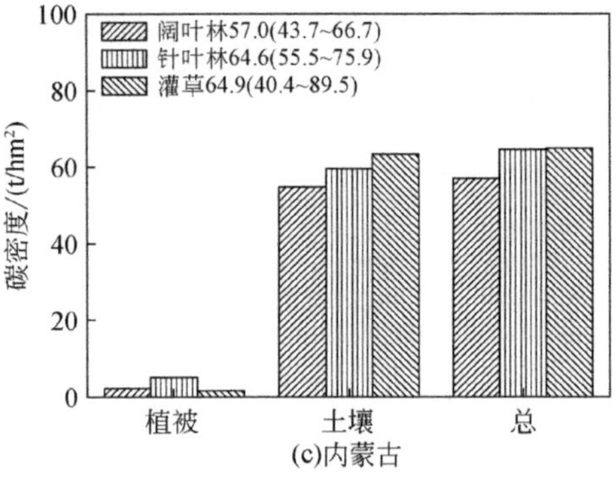

图 3-17　京津风沙源治理工程基线值碳密度

北京和天津风沙源区基线值碳储量采用河北的基线值计算，北京、天津、河北、山西、内蒙古风沙源区基线值碳储量分别为 4307.9 万 t、1738.7 万 t、19 300.1 万 t、9817.7 万 t、62 047.6 万 t（图 3-18）。其中北京阔叶林、针叶林、灌木林和草地生态系统植被基线值碳储量分别为 4.4 万 t、25.8 万 t、17.6 万 t、44.0 万 t，土壤基线值碳储量分别为 172.9 万 t、770.0 万 t、515.9 万 t、2757.2 万 t；天津阔叶林、针叶林、灌木林和草地生态系统植被基线值碳储量分别为 1.7 万 t、8.6 万 t、6.3 万 t、18.3 万 t，土壤基线值碳储量分别为 65.2 万 t、295.2 万 t、197.8 万 t、1145.7 万 t；河北阔叶林、针叶林、灌木林和草地生态系统植被基线值碳储量分别为 23.3 万 t、225.3 万 t、134.3 万 t、162.6 万 t，土壤基线值碳储量分别为 912.4 万 t、4540.7 万 t、3120.2 万 t、10 181.2 万 t；山西阔叶林、针叶林、灌木林和草地生态系统植被基线值碳储量分别为 13.6 万 t、73.6 万 t、75.1 万 t、81.4 万 t，土壤基线值碳储量分别为 531.5 万 t、2034.6 万 t、1913.6 万 t、5094.4 万 t；内蒙古阔叶林、针叶林、灌木林和草地生态系统植被基线值碳储量分别为 205.8 万 t、142.0 万 t、151.3 万 t、751.0 万 t，土壤基线值碳储量分别为 8046. 7 万 t、2510. 6 万 t、3225. 2 万 t、47 015. 0 万 t（图 3-18）。

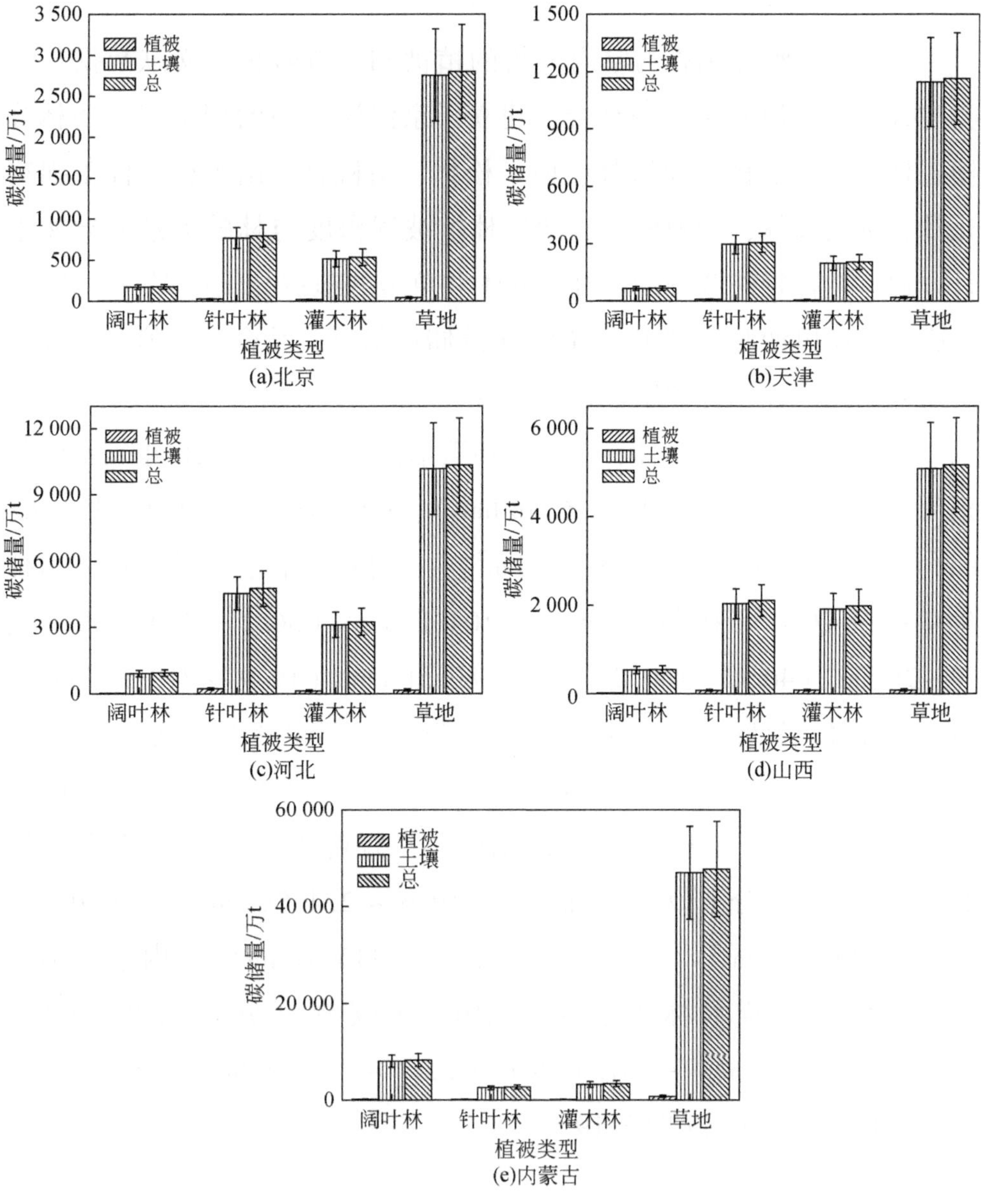

图 3-18　京津风沙源治理工程基线值碳储量

3.4.2 京津风沙源治理工程 2010 年碳储量

本研究将野外调查与室内分析的植被和土壤数据、文献数据与二类清查资料及相关模型相结合，建立了京津风沙源治理工程主要林分杨树林、落叶松林、油松林、樟子松林、山桃林、山杏林、柠条锦鸡儿林、绣线菊林、紫穗槐林、沙棘林植被碳密度与林龄关系的异速生长方程。结合野外调查的森林、灌木和草地的植被与土壤碳密度数据，完成了京津风沙源治理工程 2010 年碳储量估算，结合基线值，完成了京津风沙源治理工程碳增汇效益计算。

北京风沙源区阔叶林、针叶林和灌木林生态系统 2010 年碳密度分别为 162.8t/hm^2（101.9～206.3t/hm^2）、149.7t/hm^2（73.3～372.9t/hm^2）、33.9t/hm^2（11.9～58.3t/hm^2）；天津阔叶林、针叶林和灌木林生态系统 2010 年碳密度分别为 104.1t/hm^2（36.2～220.5t/hm^2）、104.2t/hm^2（40.4～160.2t/hm^2）、80.5t/hm^2（19.9～210.7t/hm^2）；河北阔叶林、针叶林和灌木林生态系统 2010 年碳密度分别为 112.9t/hm^2（23.3～215.4t/hm^2）、141.6t/hm^2（24.1～381.7t/hm^2）、80.5t/hm^2（19.9～210.7t/hm^2）；山西阔叶林、针叶林和灌木林生态系统 2010 年碳密度分别为 97.7t/hm^2（19.6～224.5t/hm^2）、97.9t/hm^2（17.9～200.8t/hm^2）、60.3t/hm^2（23.9～115.7t/hm^2）；内蒙古阔叶林、针叶林和灌木林生态系统 2010 年碳密度分别为 96.9t/hm^2（12.5～314.0t/hm^2）、131.5t/hm^2（20.7～380.3t/hm^2）、63.7t/hm^2（4.9～154.3t/hm^2）（图 3-19）。

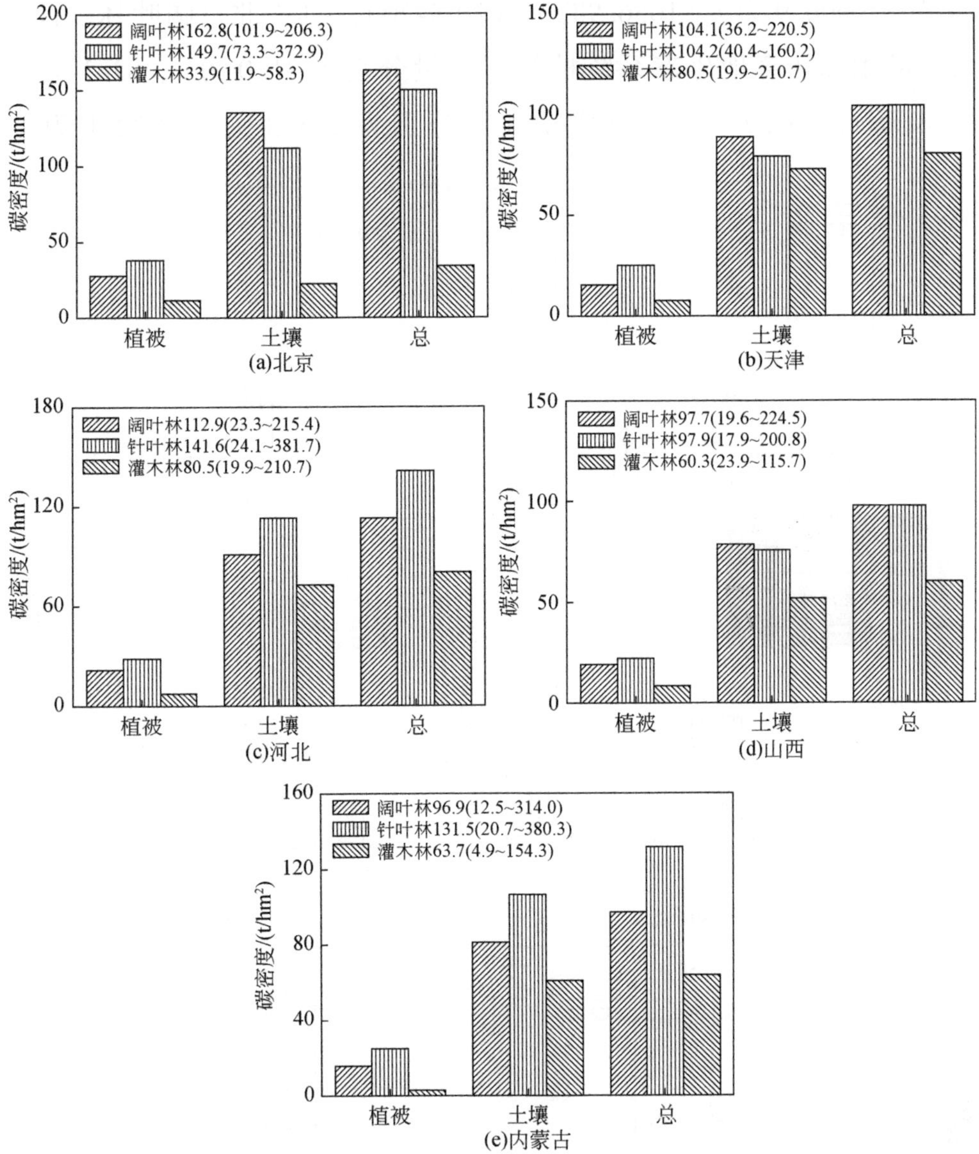

图 3-19　京津风沙源治理工程 2010 年碳密度

北京、天津、河北、山西、内蒙古风沙源区 2010 年碳储量分别为 4783.8 万 t、1921.8 万 t、21 491.5 万 t、11 088.0 万 t、66 405.8 万 t，

合计 105 690.9 万 t（1056.9Tg）（图 3-20）。其中北京阔叶林、针叶林、灌木林和草地生态系统植被碳储量分别为 21.0 万 t、82.1 万 t、65.4 万 t、107.7 万 t，土壤碳储量分别为 215.3 万 t、970.1 万 t、

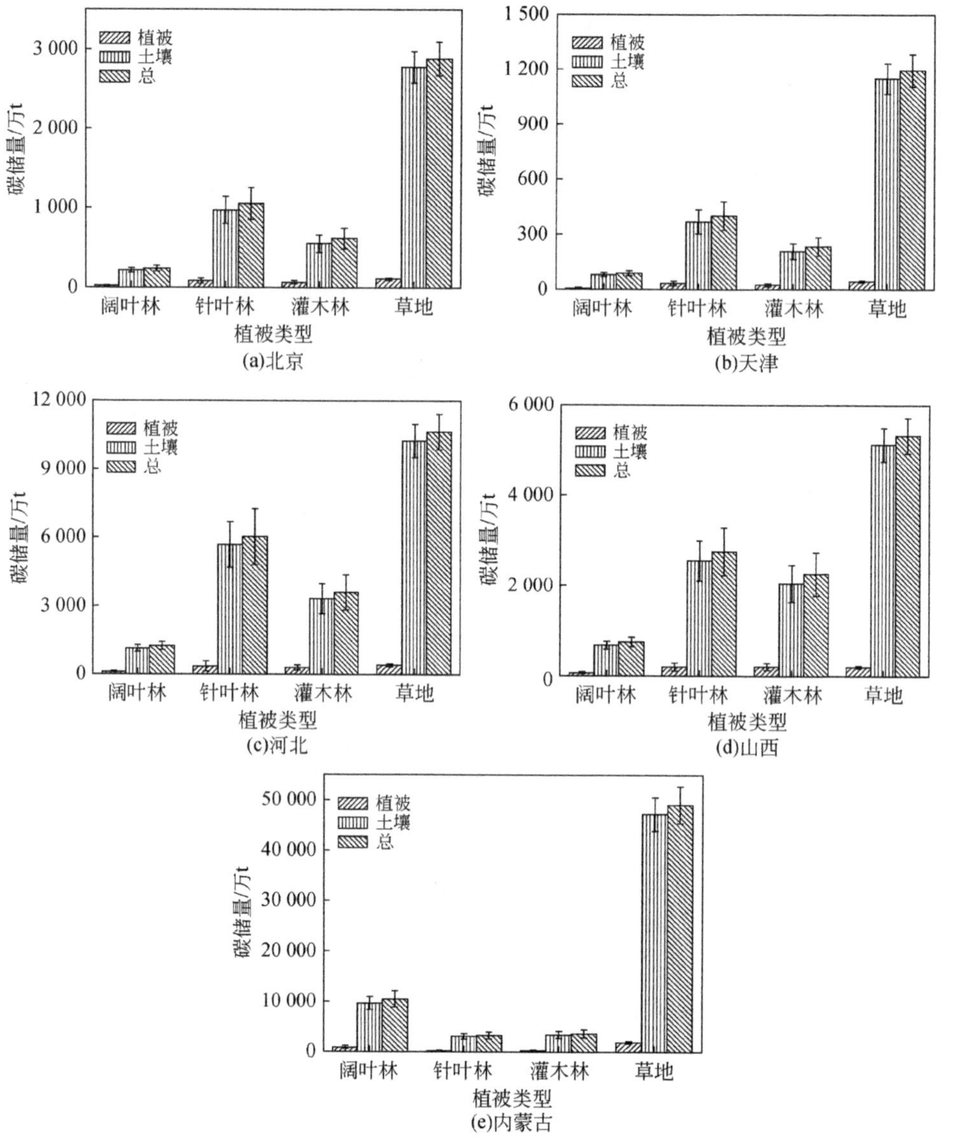

图 3-20　京津风沙源治理工程 2010 年碳储量

549.6 万 t、2772.5 万 t；天津阔叶林、针叶林、灌木林和草地生态系统植被碳储量分别为 7.7 万 t、32.9 万 t、25.9 万 t、44.8 万 t，土壤碳储量分别为 80.5 万 t、368.5 万 t、209.6 万 t、1152.0 万 t；河北阔叶林、针叶林、灌木林和草地生态系统植被碳储量分别为 108.3 万 t、346.3 万 t、289.9 万 t、397.7 万 t，土壤碳储量分别为 1127.8 万 t、5675.0 万 t、3309.1 万 t、10 237.5 万 t；山西阔叶林、针叶林、灌木林和草地生态系统植被碳储量分别为 71.3 万 t、204.0 万 t、212.1 万 t、199.0 万 t，土壤碳储量分别为 679.8 万 t、2550.5 万 t、2048.5 万 t、5122.6 万 t；内蒙古阔叶林、针叶林、灌木林和草地生态系统植被碳储量分别为 842.3 万 t、144.5 万 t、230.0 万 t、1836.4 万 t，土壤碳储量分别为 9640.7 万 t、3063.0 万 t、3373.7 万 t、47 275.2 万 t（图 3-20）。

3.4.3 京津风沙源治理工程碳汇增量

本研究采用“面积×速率×造林时间”的方法，计算京津风沙源治理工程碳汇增量。工程固碳增量（2001 ~ 2010 年）为 194.4Tg（图 3-21）。北京、天津、河北、山西、内蒙古风沙源区植被碳汇增量分别为 198.8 万 t、80.8 万 t、787.2 万 t、393.1 万 t、2038.4 万 t。土壤碳汇增量分别为 743.3 万 t、289.9 万 t、3560.9 万 t、1530.5 万 t、9820.5 万 t（图 3-21）。其中北京 2001 ~ 2010 年植被碳汇增量分别为 30.8 万 t、44.0 万 t、45.1 万 t、32.2 万 t、17.0 万 t、15.1 万 t、5.1 万 t、4.3 万 t、3.1 万 t、2.1 万 t，土壤碳汇增量分别为 85.3 万 t、169.7 万 t、181.6 万 t、128.5 万 t、55.8 万 t、51.9 万 t、23.0 万 t、24.6 万 t、15.6 万 t、7.3 万 t；天津 2001 ~ 2010 年植被碳汇增量分别为

11.6 万 t、18.2 万 t、18.3 万 t、12.8 万 t、7.1 万 t、6.5 万 t、2.3 万 t、1.8 万 t、1.3 万 t、0.9 万 t，土壤碳汇增量分别为 30.0 万 t、68.8 万 t、71.2 万 t、48.2 万 t、20.7 万 t、21.3 万 t、10.2 万 t、10.2 万 t、6.3 万 t、3.0 万 t；河北 2001 ~2010 年植被碳汇增量分别为 138.3 万 t、180.9 万 t、177.6 万 t、123.2 万 t、59.8 万 t、52.7 万 t、16.5 万 t、17.0 万 t、12.4 万 t、8.8 万 t，土壤碳汇增量分别为 450.4 万 t、769.9 万 t、804.9 万 t、576.0 万 t、296.0 万 t、269.8 万 t、117.0 万 t、135.0 万 t、89.8 万 t、52.1 万 t；山西 2001 ~2010 年植被碳汇增量分别为 57.1 万 t、98.7 万 t、87.9 万 t、63.2 万 t、31.5 万 t、28.4 万 t、9.1 万 t、8.2 万 t、5.3 万 t、3.7 万 t，土壤碳汇增量分别为 148.6 万 t、369.9 万 t、352.2 万 t、268.6 万 t、132.9 万 t、121.1 万 t、49.1 万 t、49.2 万 t、26.1 万 t、12.8 万 t；内蒙古 2001 ~2010 年植被碳汇增量分别为 294.2 万 t、471.2 万 t、492.7 万 t、381.5 万 t、115.7 万 t、103.5 万 t、47.4 万 t、56.6 万 t、44.4 万 t、31.2 万 t，土壤碳增量分别为 1076.9 万 t、2379.0 万 t、2477.1 万 t、1794.2 万 t、539.0 万 t、498.4 万 t、287.9 万 t、339.7 万 t、289.0 万 t、139.3 万 t（图 3-21）。

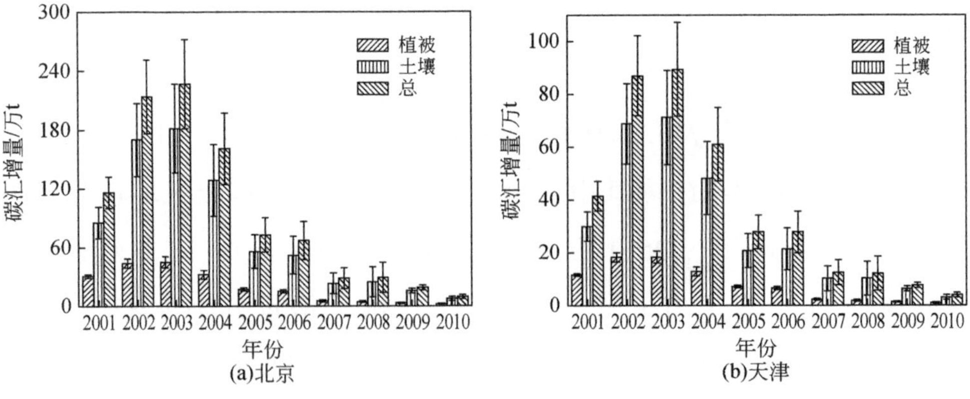

(a)北京 (b)天津

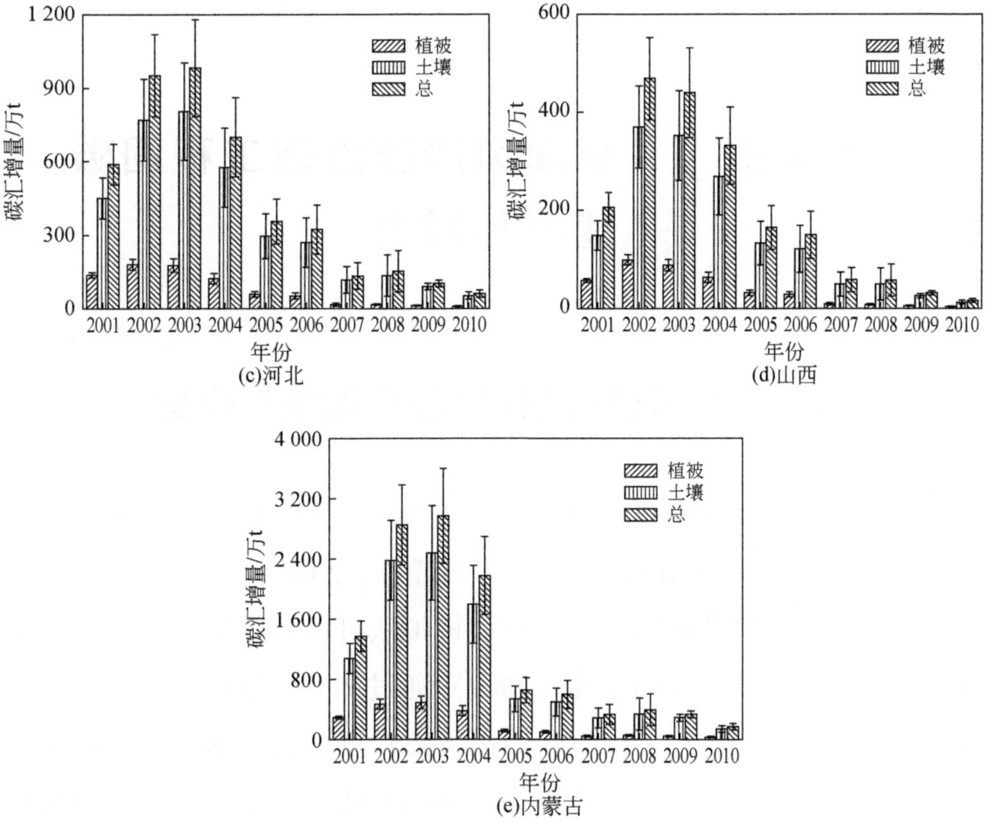

图 3-21　京津风沙源治理工程碳汇增量

第 4 章 京津风沙源治理工程固碳速率与潜力

4.1 林分碳密度-林龄异速生长模型

现有生态系统碳储量估算方法有土壤类型法、模型法、生命带类型法、相关关系法和 GIS 估算法等（吴瑾等，2010）。其中，依据长期定位试验而进行的外推估算法和模型模拟法可以有效估算大尺度土壤碳储量。Lal（2002）和 Lu 等（2009）通过试验外推法对中国的农田生态系统固碳速率进行了估算，然而将点尺度的固碳速率无条件外推到其他地区，忽视了气候、土壤等环境因素的空间变异对土壤有机碳的影响，从而导致速率估算的不确定性。模型模拟法是通过有机碳模型估算其他管理措施下的土壤固碳速率，尽管有一定的理论基础，可以较好地估算区域固碳速率，但模型输入参数多，变量数据难以获取，使得可操作性较差（覃章才和黄耀，2010）。

生态系统固碳速率的估算多是基于时间序列的对比分析，即同一区域不同时间生态系统碳储量的差值比较，从而获得这一时段的生态系统固碳速率。但这种方法不能获得土壤碳储量在连续时间序列上的动态变化，且不同区域同一时段土壤碳储量数据可获得性较差，因此该方法难以应用在更为广阔的时间和空间区域（于贵瑞等，2011）。

另外，该方法忽略了碳源和碳汇功能，应用这种方法仅能给出研究开始和结束时段两个时间点的生态系统固碳速率。段晓男等（2008）、郭然等（2008）、吴庆标等（2008）、韩冰等（2008）基于野外调查分别估算了中国湿地、草地、森林、农田的固碳速率与潜力，这种对固碳速率的研究大多是基于区域尺度的，估算方法也比较粗糙，均没有对历史碳储量进行详细表述，只是大致估算。

本研究将野外调查和室内分析的植被与土壤数据、文献数据及二类清查资料及相关模型相结合，建立了京津风沙源治理工程主要林分落叶松林、油松林、樟子松林、杨树林、山桃林、山杏林、柠条锦鸡儿林、紫穗槐林、沙棘林、绣线菊林植被碳密度与林龄关系的异速生长方程（图 4-1 ~ 图 4-10），计算了风沙源区阔叶林、针叶林、灌木林、经济林等 12 个主要林分的固碳速率，对风沙源区植被与土壤碳储量和固碳潜力进行了评估。

落叶松林的平均碳汇速率（~60a）为 0. 96t/(hm^2 · a)，以成熟林为参照的碳汇潜力为 57. 3t/hm^2。

油松林的平均碳汇速率（~60a）为 0. 74t/(hm^2 · a)，以成熟林为参照的碳汇潜力为 44. 2t/hm^2。

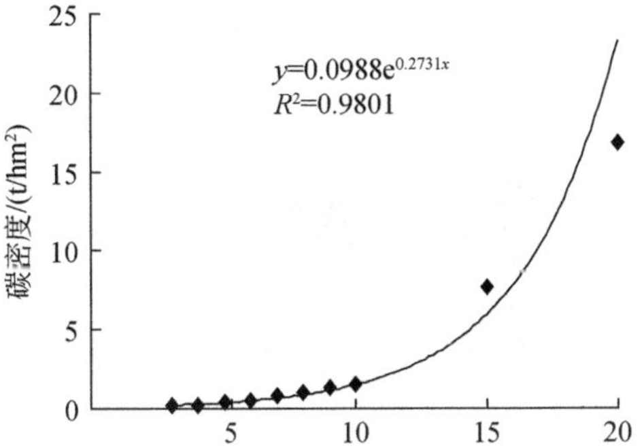

(a)0~20年林龄

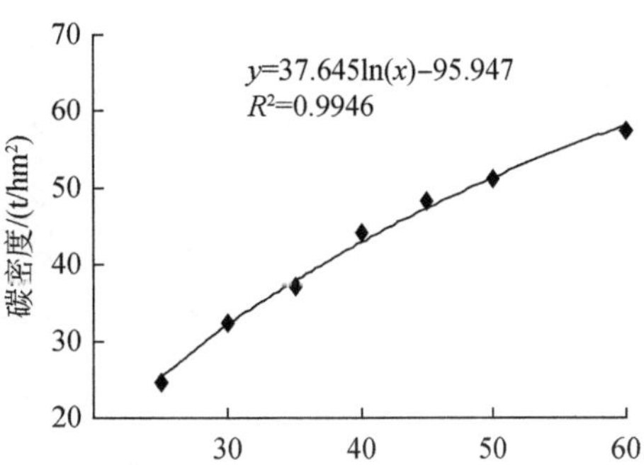

(b)20~60年林龄

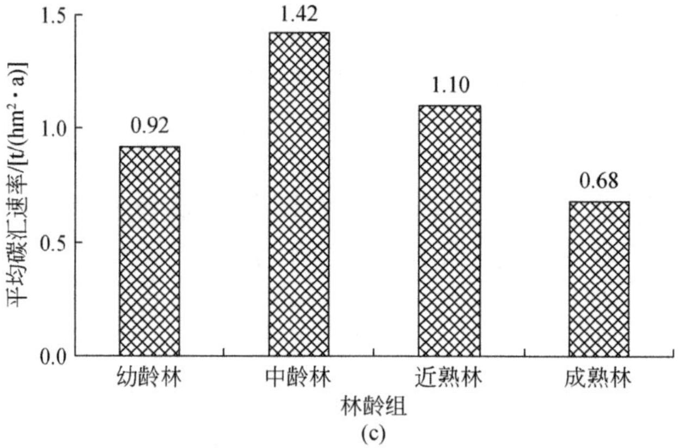

(c)

图 4-1　落叶松人工林植被碳汇过程及速率

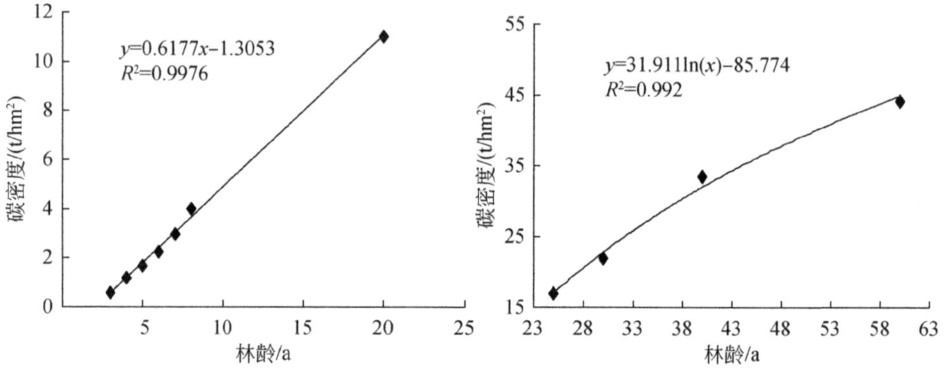

(a)0~20年林龄　(b)20~60年林龄

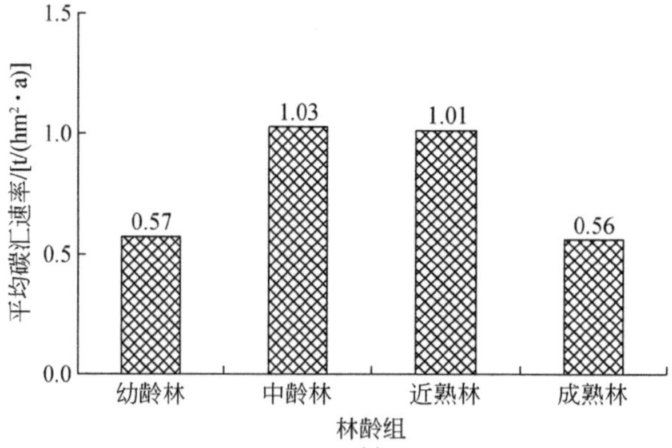

(c)

图 4-2　油松人工林植被碳汇过程及速率

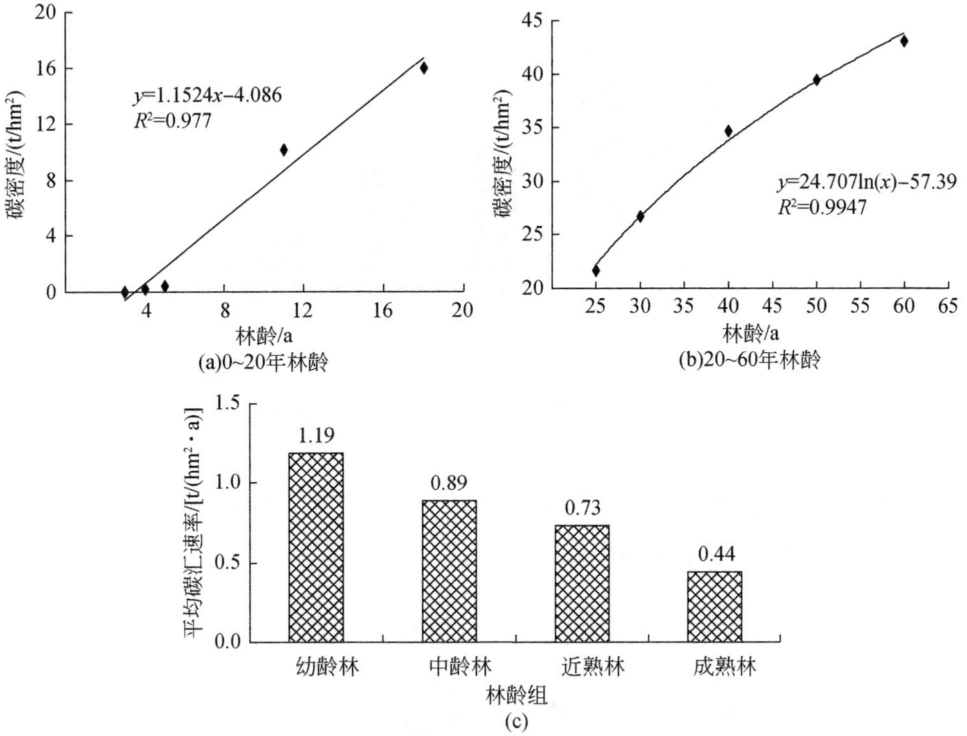

图 4-3　樟子松人工林植被碳汇过程及速率

樟子松林（~60a）的平均碳汇速率为 0.72t/(hm^2·a)，以成熟林为参照的碳汇潜力为 43.1t/hm^2。

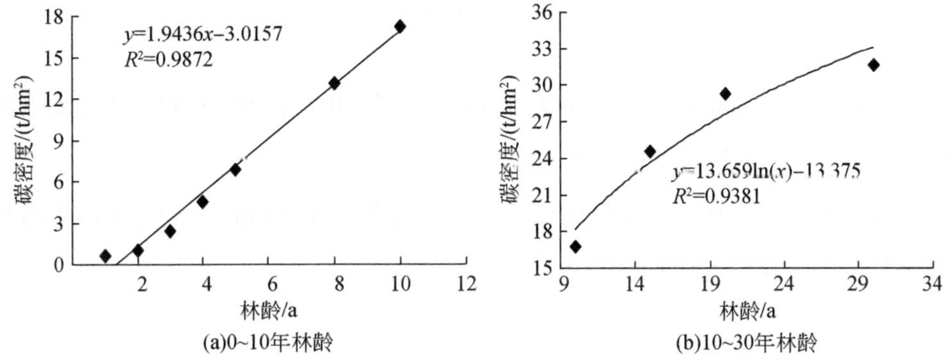

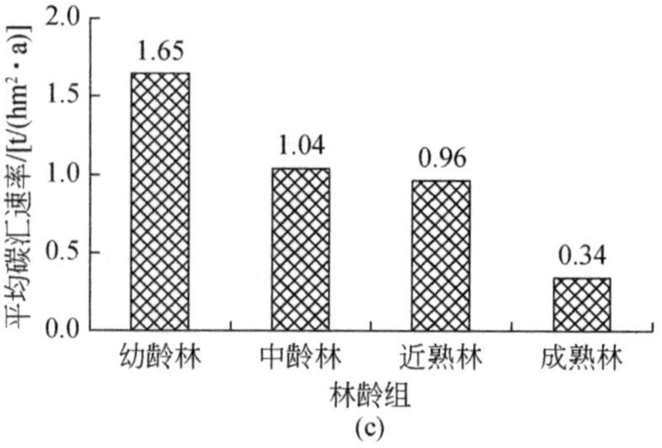

图 4-4 杨树人工林植被碳汇过程及速率

杨树林（~30a）的平均碳汇速率为 1.05t/(hm^2·a)，以成熟林为参照的碳汇潜力为 31.6t/hm^2。

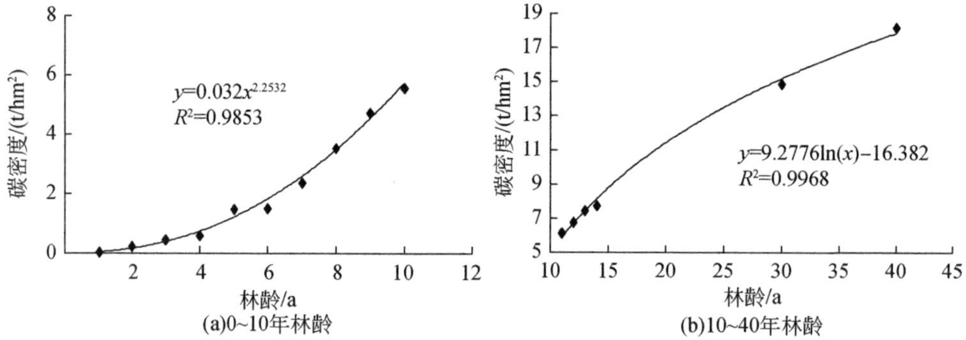

图 4-5 山桃人工林植被碳汇过程

山桃林（~40a）的平均碳汇速率为 0.46t/(hm^2·a)，以成熟林为参照的碳汇潜力为 18.2t/hm^2。

山杏林（~40a）的平均碳汇速率为 0.37t/(hm^2·a)，以成熟林为参照的碳汇潜力为 14.0t/hm^2。

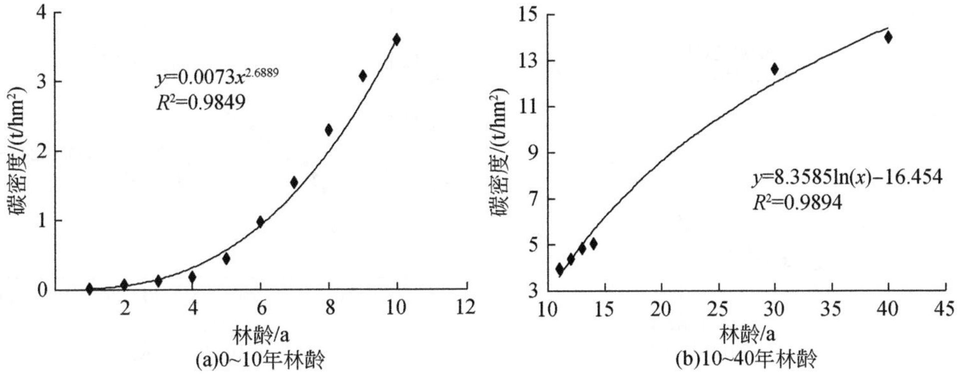

图 4-6　山杏人工林植被碳汇过程

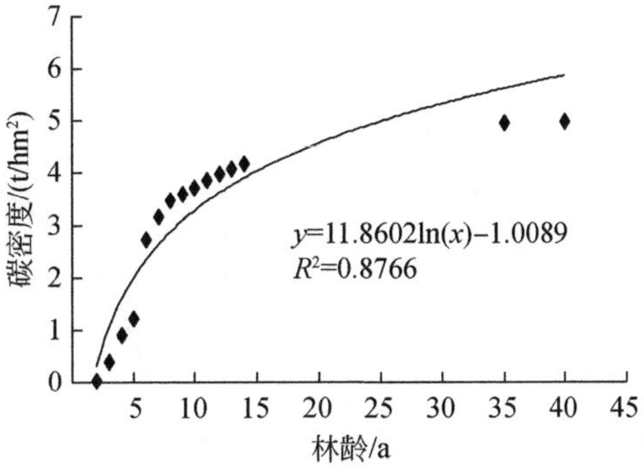

图 4-7　柠条锦鸡儿人工林植被碳汇过程

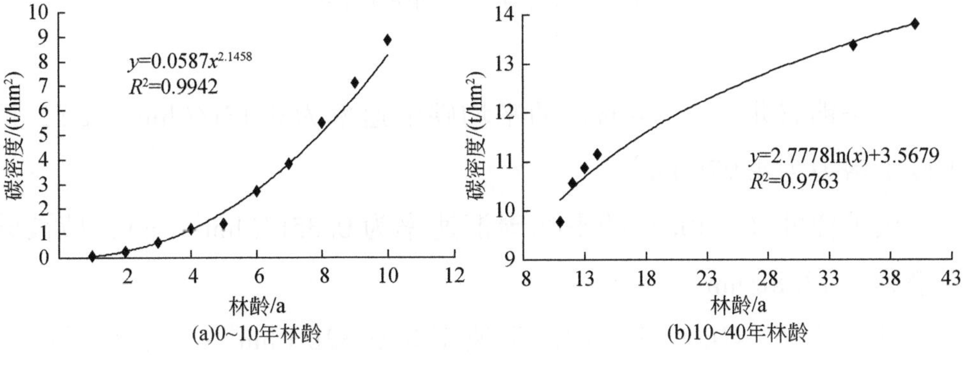

图 4-8　紫穗槐人工林植被碳汇过程

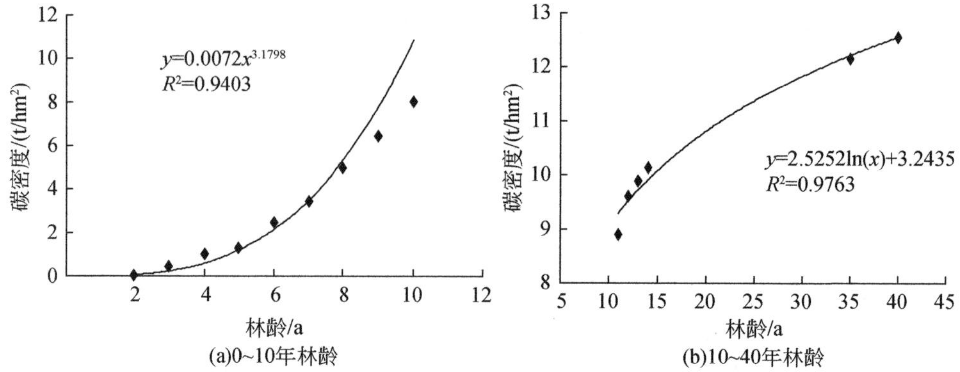

图 4-9　沙棘人工林植被碳汇过程

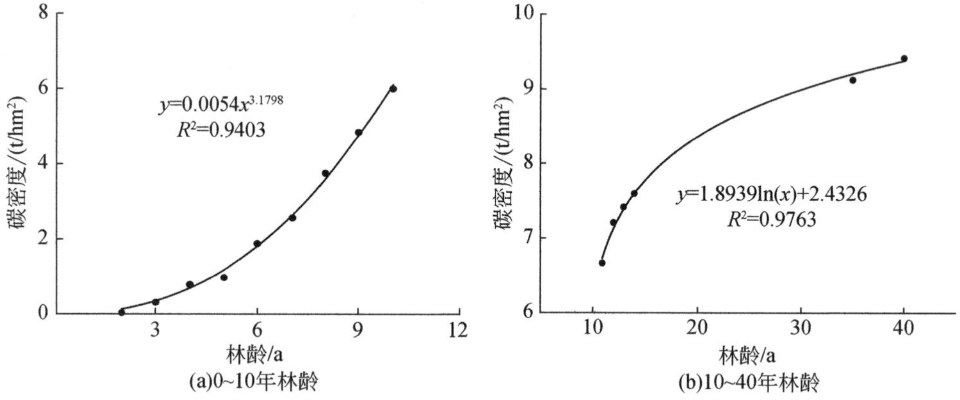

图 4-10　绣线菊人工林植被碳汇过程

柠条锦鸡儿林（~40a）的平均碳汇速率为 0.13t/(hm^2·a)，植被碳汇潜力为 4.97t/hm^2。

紫穗槐林（~40a）的平均碳汇速率为 0.35t/(hm^2·a)，植被碳汇潜力为 13.8t/hm^2。

沙棘林（~40a）的平均碳汇速率为 0.32t/(hm^2·a)，植被碳汇潜力为 12.6t/hm^2。

绣线菊林（~40a）的平均碳汇速率为0.24 t/（hm^2·a），植被碳汇潜力为9.41t /hm^2。

4.2 京津风沙源治理工程固碳速率与潜力

本研究利用实测、文献数据与二类清查资料及相关模型相结合的方法，对工程区主要植被的碳汇速率及潜力进行了估算。采用“(造林10年碳密度−对照)÷10”的方法，计算不同林分固碳速率。其中阔叶林植被固碳速率和土壤固碳速率分别为1.94t/(hm^2·a)、4.99t/(hm^2·a)；针叶林植被固碳速率和土壤固碳速率分别为0.50t/(hm^2·a)、3.91t/(hm^2·a)；灌木林植被固碳速率和土壤固碳速率分别为1.35t/(hm^2·a)、1.63t/(hm^2·a)；草地植被固碳速率和土壤固碳速率分别为1.76t/(hm^2·a)、1.23t/(hm^2·a)（图4-11）。

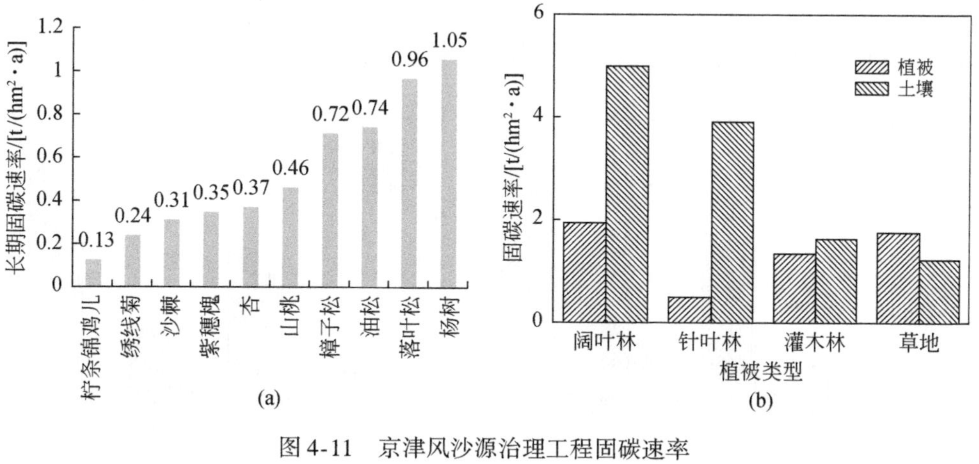

图4-11　京津风沙源治理工程固碳速率

本研究依据工程主要造林树种成熟林植被碳密度与林龄的关系，建立植被固碳潜力的估算模型。确定工程基线值，完成工程植被固碳潜力的评估。工程区总固碳潜力为1431.01Tg（图4-12）。其中北京阔叶林、针叶林、灌木林和草地的植被固碳潜力分别为0.79Tg、3.29Tg、2.34Tg、2.28Tg，土壤固碳潜力分别为4.61Tg、18.31Tg、8.30Tg、27.40Tg；天津阔叶林、针叶林、灌木林和草地的植被固碳潜力分别为0.30Tg、1.30Tg、0.98Tg、0.95Tg，土壤固碳潜力分别为1.73Tg、6.98Tg、3.17Tg、11.38Tg；河北阔叶林、针叶林、灌木林和草地的植被固碳潜力分别为4.13Tg、16.25Tg、9.13Tg、8.41Tg，土壤固碳潜力分别为24.25Tg、107.51Tg、50.04Tg、101.16Tg；山西阔叶林、针叶林、灌木林和草地的植被固碳潜力分别为2.20Tg、4.66Tg、6.18Tg、4.21Tg，土壤固碳潜力分别为13.00Tg、28.64Tg、28.59Tg、50.62Tg；内蒙古阔叶林、针叶林、灌木林和草地的植被固碳潜力分别为36.10Tg、8.02Tg、7.10Tg、38.84Tg，土壤固碳潜力分别为210.79Tg、58.69Tg、51.25Tg、467.14Tg（图4-12）。

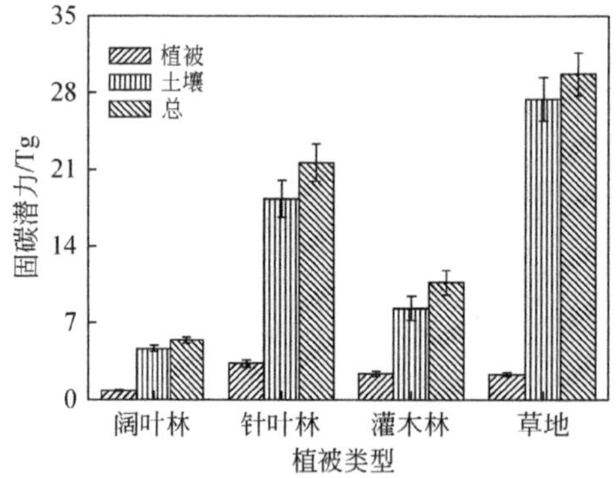

(a)北京

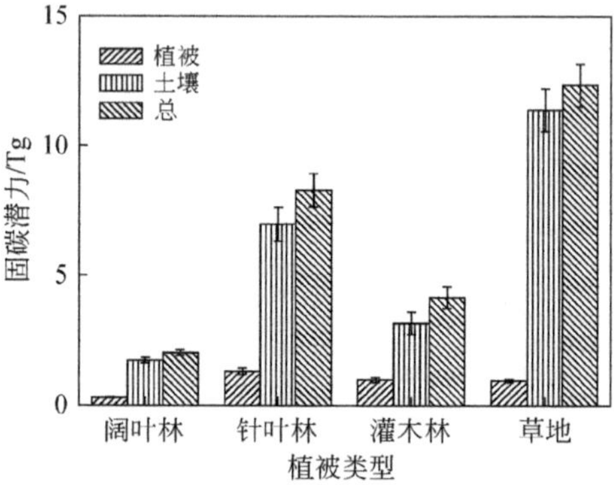

(b)天津

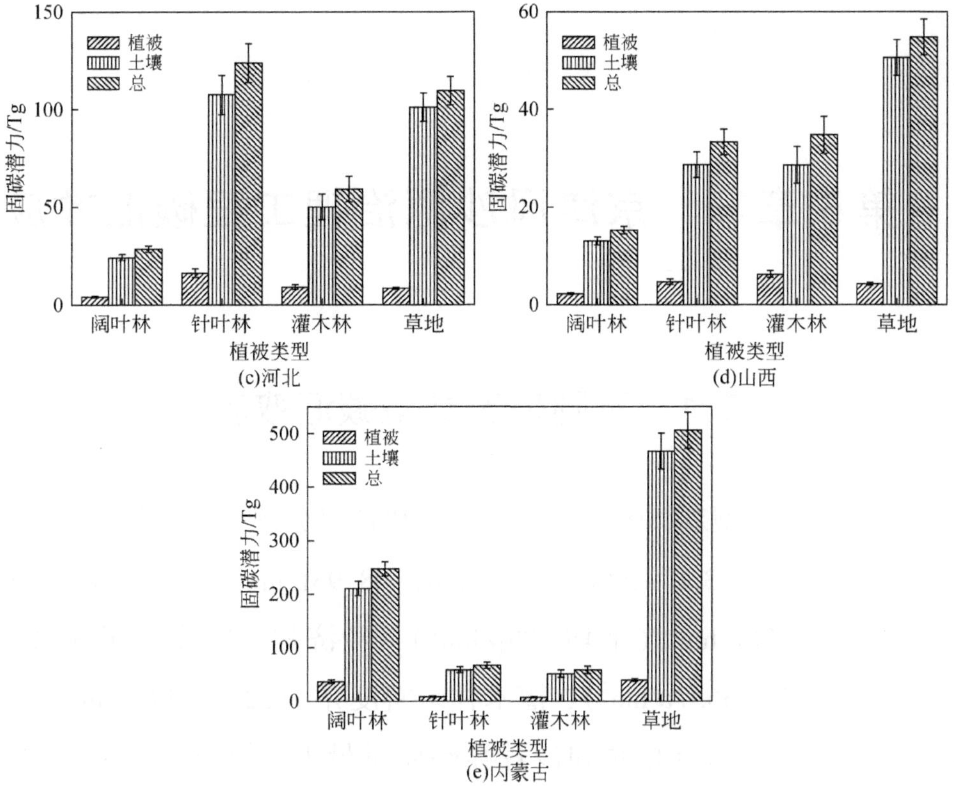

图 4-12　京津风沙源治理工程固碳潜力

第5章　京津风沙源治理工程碳汇效应

5.1　不同植被类型碳汇效应

不同植被类型森林生态系统碳储量和各组分碳储量差异显著。阔叶林碳密度介于53.0～278t/hm²（平均108.93t/hm²），针叶林碳密度介于49.7～230t/hm²（平均109t/hm²），经济林碳密度介于35.0～110t/hm²（平均66.7t/hm²），灌木林碳密度介于22.4～110t/hm²（平均64.8t/hm²）。落叶松林和沙棘林碳储量最大，植被碳储量分别为23.4t/hm²和22.0t/hm²，植被和土壤总碳储量分别为165t/hm²和78.7t/hm²。榆树林和山杏林碳储量较低，植被碳储量分别为4.21t/hm²和6.23t/hm²，生态系统总碳储量分别为83.9t/hm²和71.5t/hm²。

5.2　不同区域碳汇效应

生态系统碳密度区域差别较大。燕山丘陵水源保护区阔叶林、针叶林、灌木和草地的植被碳密度分别为18.4t/hm²、19.5t/hm²、16.5t/hm²、6.8t/hm²（图5-1），土壤碳密度分别为36.8t/hm²、44.5t/hm²、43.9t/hm²、46.7t/hm²；农牧交错带沙化治理区阔叶林、针叶林、灌木和草地的植被碳密度分别为 9.5t/hm²、9.7t/hm²、18.5t/hm²、4.8t/hm²，土壤碳密度分别为 24.0t/hm²、7.7t/hm²、63.3t/hm²、67.4t/hm²；浑善达克沙地治理区阔叶林、针叶林、灌木和草地的植被碳密度分别为 6.8t/hm²、3.5t/hm²、10.1t/hm²、1.9t/hm²，土壤碳密度分别为 6.6t/hm²、26.4t/hm²、22.5t/hm²、8.1t/hm²；北方干旱草原治理区阔叶林、灌木和草地的植被碳密度分别为 7.2t/hm²、13.2t/hm²、0.2t/hm²，土壤碳密度分别为 5.5t/hm²、9.6t/hm²、18.5t/hm²（图 5-1）。

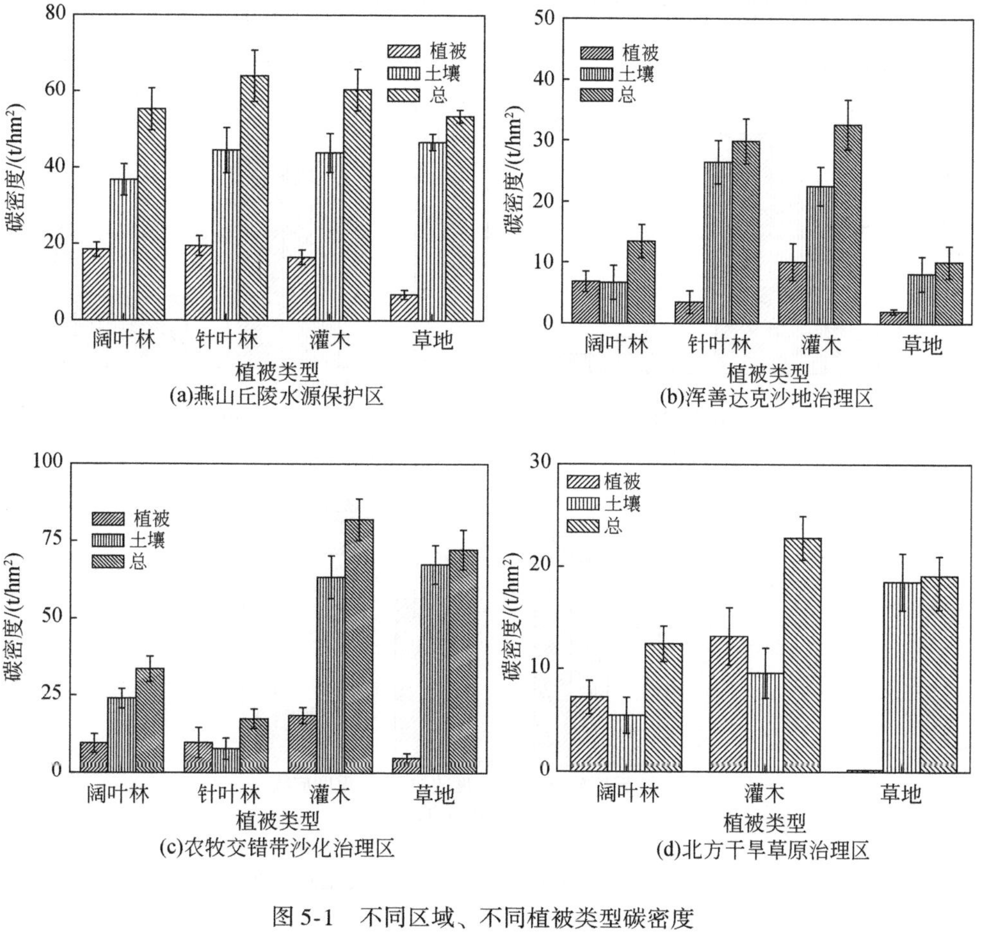

图 5-1　不同区域、不同植被类型碳密度

5.3 不同治理措施碳汇效应

不同的治理措施下各植被类型的植被碳密度和土壤碳密度也不同（图 5-2）。其中阔叶林在封山育林和人工造林措施下的植被碳密度分别为 13.7t/hm^2 和 10.9t/hm^2，土壤碳密度分别为 57.1t/hm^2 和 5.6t/hm^2；灌木在自然生长和平茬措施下的植被碳密度分别为 0.2t/hm^2 和 4.7t/hm^2，土壤碳密度分别为 13.9t/hm^2 和 4.7t/hm^2；草地在轻度放

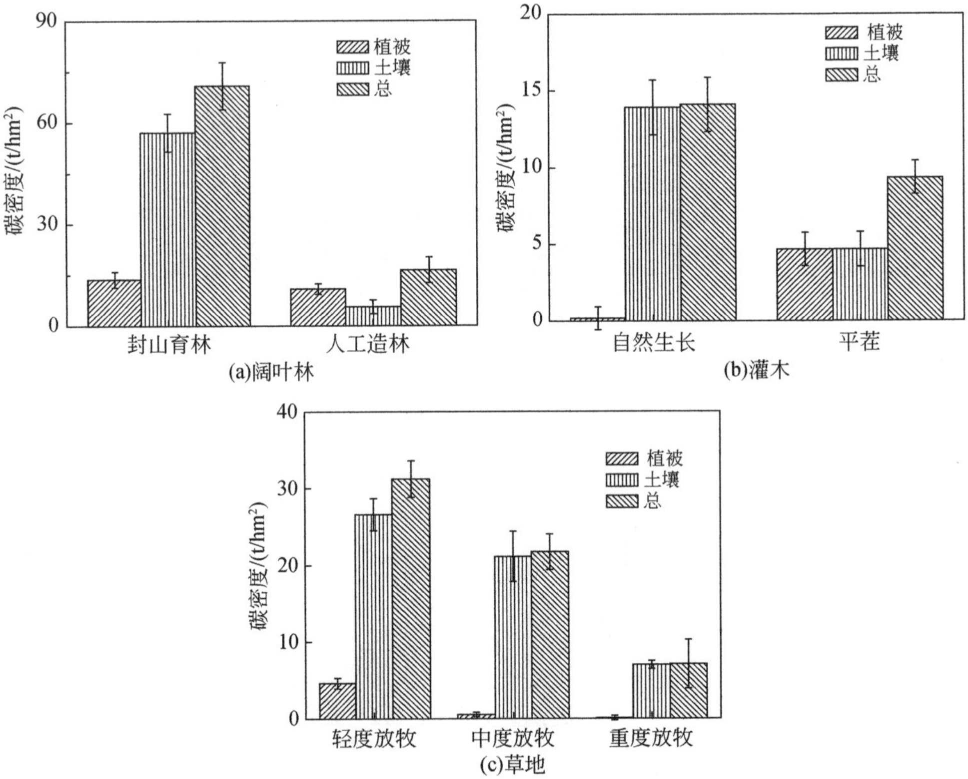

图 5-2　不同治理措施、不同植被类型碳密度

牧、中度放牧和重度放牧措施下的植被碳密度分别为 4.6t/hm^2、0.6t/hm^2 和 0.1t/hm^2，土壤碳密度分别为 26.6t/hm^2、21.1t/hm^2 和 7.0t/hm^2（图 5-2）。

与草地对照样地相比，3 种治理措施的年平均固碳速率为 0.5 ~ 2.6t/(hm^2 · a)，依次为乔木林>灌木林>围封；在荒山治理措施中，乔木林的年平均固碳速率［1.4t/(hm^2 · a)］高于灌木林［0.8t/(hm^2 · a)］；在农田治理措施中，农田林网的年平均固碳速率［0.9t/(hm^2 · a)］大于退耕还林［0.6t/(hm^2 · a)］（图 5-3）。

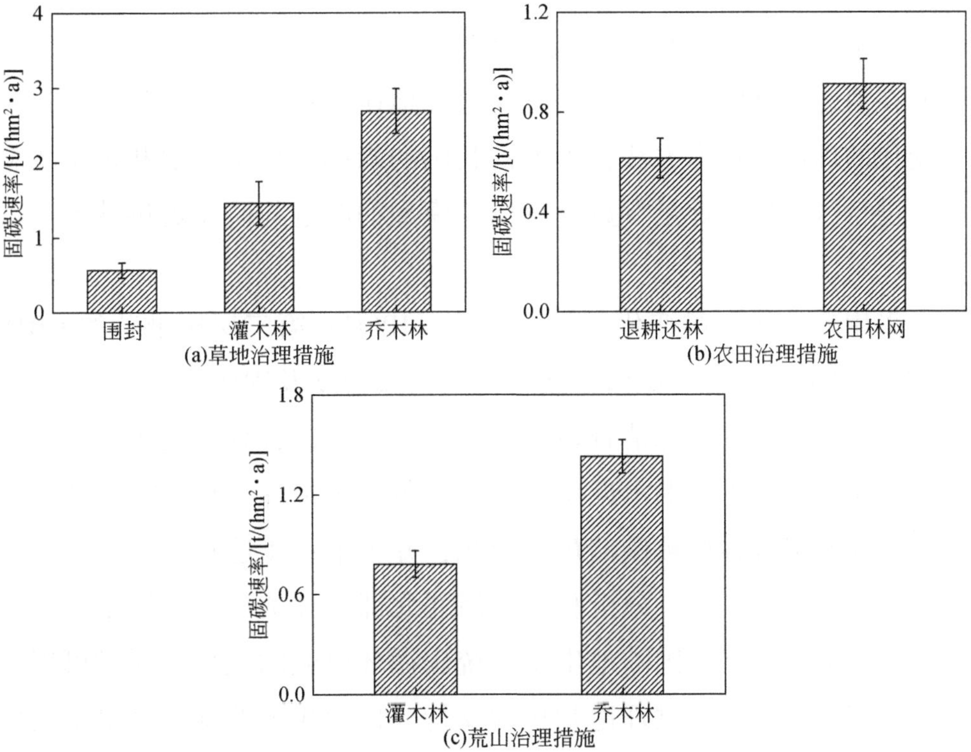

图 5-3　不同治理措施固碳速率

第6章　基于碳收支模型估算河北北部森林生态系统植被碳储量

本书以加拿大林业碳收支（CBM-CFS3）模型为平台，以河北北部森林即京津风沙源治理工程区的河北部分为研究区域，通过对该区域森林生态系统植被碳储量、碳密度等的估算研究，评估 CBM-CFS3 模型在河北北部的适应性，同时探索性地研究精确计算森林的碳储量和变化的理论与技术方法，为丰富我国的森林碳计量参数和未来更精确地进行区域性碳计量参数计算以及模型的改进与研发提供技术上的支持。

采用政府间气候变化专门委员会（IPCC）第三层次推荐的 CBM-CFS3 模型对河北北部森林植被碳储量、碳密度及固碳速率进行研究，旨在充分利用森林资源清查数据，明确河北北部森林植被碳储量和碳密度分布特征，以期揭示近年来以京津风沙源治理工程为主的造林工程对河北北部森林植被碳储量的影响，并为下一步造林工程和科学经营管理提供科学依据。分析和计算河北北部森林植被的碳储量与固碳速率，有助于丰富我国陆地生态系统碳循环研究的成果，同时可以为未来工程管理决策提供理论和技术支持，也为我国编制国家温室气体清单提供数据支撑。

河北北部（39°34′53″N ~ 42°37′43″N，113°54′21″E ~ 119°14′05″E）包括承德和张家口两个地区，总面积为 74 990km^2。研究区由坝上地区、接坝山地和冀北山地三部分组成，山地坡度大，地形雨较多，地表径流大，易造成水土流失。地势自西北向东南倾斜，属北温带半干旱和半湿润季风气候区，海拔 129 ~ 2828m，年均气温 4℃，年均降水量 460 ~ 595mm，其中 65% 的降水集中在 6 ~ 9 月（高尚玉等，2012）。年蒸发量 1600 ~ 2200mm（Liu et al.，2013），平均全年大风日数为 36. 2d。土壤类型主要为石灰土、石质土、栗钙土、栗褐土。

6.1 研究内容

本研究以河北北部森林植被为研究对象，利用河北第七次森林资源清查数据和野外森林植被调查样地数据，以 CBM-CFS3 模型为研究手段，对 2000 ~ 2030 年河北北部森林植被碳收支情况进行模拟。主要研究内容包括以下四方面。

6.1.1 数据提取与输入文件的生成

根据河北第七次森林资源清查数据、野外森林植被调查样地数据和河北北部森林的规划调查资料，得出“龄级”“分类器及分类值”“清单”“生长及产量”“干扰类型”“干扰事件”“转换规则”七个模型的输入文件。

6.1.2 区域尺度蓄积生长方程系统的建立

输入文件中的“生长及产量”文件的建立需要根据区域尺度的全部林分的蓄积生长方程，本研究以森林资源清查数据为数据源，结合 Richards 方程对河北北部不同森林类型的蓄积进行拟合得到。

6.1.3 模型参数的修改

根据查阅文献（Zheng et al., 2008；Weishampel et al., 2009）得到的数据和野外森林植被调查样地数据拟合，得到蓄积–干材生物量转换参数、生物量周转参数、生物量组分比例参数等参数，并从文献资料中得到河北北部的气候及土壤类型等环境因子，再根据以上参数对模型的默认设置进行调整。

6.1.4 碳储量、碳密度、固碳速率和固碳潜力的计算

根据输入文件和修改后的参数，研究河北北部不同森林类型植被的碳储量、碳密度和固碳速率，并模拟得到未来该地区森林生态系统植被的固碳潜力。

根据本研究的目的及内容，设计的本研究技术路线图如图 6-1 所示。

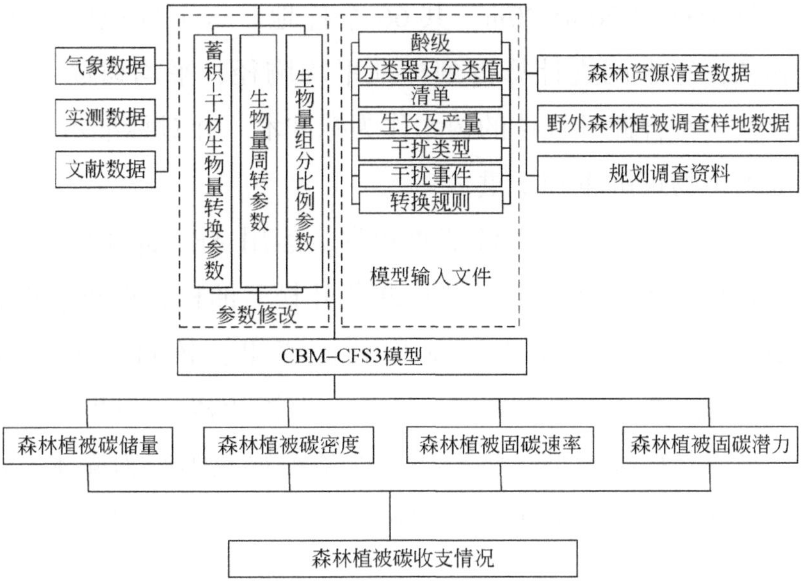

图 6-1　技术路线图

6.2　数据采集和处理方法

6.2.1　数据来源

数据主要来源于研究区内第七次全国森林资源清查数据和野外森林植被调查样地数据。其中第七次全国森林资源清查数据测定于 2004 ~ 2008 年，为研究区内 1 688 632 条小班数据，主要包括高程、地貌、立地类型、林龄、树高、胸径、小班面积、树种、起源、土壤类型、土层厚度等 17 项调查因子。将小班按照森林植被类型划分为阔叶林、针叶林、混交林、经济林、灌丛和非林地。野外森林植被调查样地数据测定于 2011 ~ 2014 年，在研究区典型县根据森林植被类型和林龄设置样地，每个样地 20m×20m，共 66 个样地，每个样地内记录株数、树高、胸径，每木调查计算得到样地平均胸径、平均树高等平均值，然后选取基本符合此计算值的树木作为标准木。并对标准木进行解析，得到标准木生物量鲜重和干重。

基于第七次全国森林资源清查数据，运用 ArcMap 10.0 统计得到的研究区森林资源主要由山杨、华北落叶松、油松、白桦、山杏、蒙古栎等组成。其他树种还包括榆树、苹果、核桃、云杉（*Picea asperata*）、刺槐等。按照优势树种将其分为阔叶林、针叶林、混交林、经济林四种森林植被类型。将荆条、柠条锦鸡儿等归为灌木。由此得到研究区森林植被空间分布图（图 6-2）。

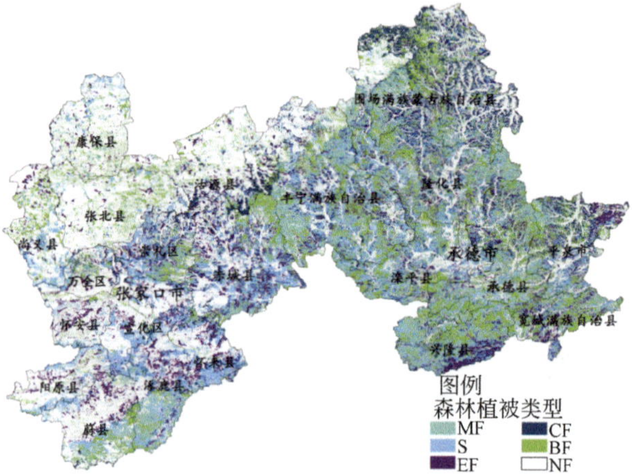

图 6-2　研究区森林植被类型空间分布图

BF，阔叶林；CF，针叶林；MF，混交林；EF，经济林；NF，非林地；S，灌丛

6.2.2　模型介绍

CBM-CFS3 模型属于“清查资料+变化法”相结合的模型，它也符

合《IPCC 土地利用、土地利用变化和林业优良做法指南》中第三层次的模型要求（Kurz et al.，2009）。目前，此模型在加拿大本土已有非常成功的应用，主要用于研究国家尺度的森林生态系统碳储量及其动态、森林经营管理对森林植被碳储量的影响（Taylor et al.，2008）、林火干扰对大气的反馈（Groot et al.，2007；Ter-Mikealian et al.，2009）等，且模型一直在不断推广与改进，现已有俄罗斯、墨西哥等国家引进该模型对本国的森林碳收支情况来进行研究（Somogyi et al.，2007；Thomas and Malczowski，2007）。

加拿大林业碳收支 CBM-CFS3 模型的研究尺度十分灵活，可以模拟景观、林分、国家和区域尺度等不同尺度的森林的碳动态情况。该模型内置 21 个碳库，对于植被生物量、土壤有机质及凋落物等不同组分的碳库设置都较为详细，以年为时间步长还可以反映各碳库碳储量的动态变化。它最重要的优点是可以清楚地反映每年各种干扰对森林生态系统碳收支情况的影响，并量化各种干扰所造成的碳排放情况，同时还能估算土地利用变化对森林生态系统碳储量的影响。

6.2.3 处理方法

6.2.3.1 数据分类与整理

按照林龄 10a 为一个龄级，对林龄进行分类。得到林龄为 1～10a、10～20a、20～30a、30～40a 和大于 40a 共 5 个龄级。依据二元材积表（张灏，2011）得到不同树高胸径树木的材积（胸径小于 4cm 舍去），公式如下：

当 $D>12\text{cm}$ 且 $2\text{m}\leqslant L\leqslant 10\text{m}$ 时

$$V=0.7854L[D+0.5L+0.005L^2+0.000125L(14-L)^2(D-10)]^2/10000] \tag{6-1}$$

当 $4\text{cm}\leqslant D\leqslant 12\text{cm}$ 且 $2\text{m}\leqslant L\leqslant 10\text{m}$ 时

$$V=0.7854L(D+0.45L+0.2)^2/10000 \tag{6-2}$$

当 $D\geqslant 4\text{cm}$ 且 $L<2\text{m}$ 或 $D\geqslant 4\text{cm}$ 且 $L>10\text{m}$ 时

$$V=0.8L(D+0.5L)^2/10000 \tag{6-3}$$

式中，V 为蓄积量（m^3）；L 为树高（m）；D 为胸径（cm）。再根据实测样地的树木株数等数据得到不同森林植被、不同林龄的蓄积密度。

6.2.3.2 输入文件的生成

创建经营尺度项目时需要使用 CBM 的标准输入工具（standard input tool）。输入数据须符合 CBM 标准输入工具的格式要求，其文件格式可以是文本格式（.txt）、电子表格（.xls）或数据库表格（.mdb）格式，并且输入的文件必须包括以下 7 个子文件：龄级、分类器及分类值、清单、生长及产量、干扰类型、转换规则和干扰事件。

本研究使用位于河北北部的第七次全国森林资源清查数据生成清单、分类器及分类值、龄级和生长及产量文件；使用从承德市林业和草原局与张家口市林业和草原局收集统计得到的干扰数据生成干扰事件、干扰类型和转换规则文件。

6.2.3.3 模型初始化

一般的森林碳循环模型，如 YASSO 模型（Liski et al.，2005），在进行初始化时，会以观察到的土壤碳储量现状值为森林生态系统平衡状态下的碳储量值。但由于自然和人为的干扰影响以及森林生态系统的土壤需要长期分解，故观察到的土壤碳储量有可能并不是稳定平衡状态下的碳储量（Wutzler and Reichstein，2007）。因此，CBM-CFS3模型在进行模拟之前，需要通过模拟土壤碳库的非平衡状态来得到与轮回期、历史干扰和优势树种产量设置有关的土壤初始碳储量值。

6.2.3.4 CBM-CFS3 模型参数调整

CBM-CFS3 模型的结构灵活，对某一研究区域要采用默认参数时，该区域的空间单元须映射到合适的省（自治区、直辖市）、地区或生态区，系统才会执行参数调用。如果使用用户自己的参数，可以通过图形用户界面对默认参数进行编辑，将参数修改为更适合该研究区域的参数。为适应本研究区域，修改的参数主要有年均温、年降水量、土壤、森林植被类型数据、林分生长参数和蓄积-干材生物量转换参数、生物量组分比例参数、周转参数和干扰类型。

6.2.3.5 林分生长参数估算

林分生长参数采用 Richards 方程结合第七次全国森林资源清查数据与实测数据中的共 1978 个样点数据并参考曹晓阳（2013）、段晓男等（2008）、郭月峰等（2013）、韩冰等（2008）、黄永梅等（2001）、吴庆标等（2008）、闫德仁和闫婷（2010）及张良侠等（2014）对研究区及附近的研究拟合得到。方程基本形式为

$$y=A(1-Be^{-Kt})^{(1-m)^{-1}} \tag{6-4}$$

式中，y 为林分蓄积量（m^3）；t 为林龄（年）；A 为林分蓄积的生长极

限值（m^3/hm^2）；B 为 $t=0$ 时 y 轴截距，当 B 为 1 时则表示曲线将通过原点；K 为蓄积的生长速率，m 和同化速率有关系，这两个参数决定曲线的形状及拐点位置（Liu and Li，2003）。其中 A、B、K、m 是输入模型的参数。

6.2.3.6 蓄积-干材生物量估算

将森林资源清查数据的蓄积量转化为生物量的模型、方法的研究已有很多。本研究蓄积-干材生物量转换方程采用罗云建等（2013）的方程，方程基本形式为

$$Y=\beta \cdot X^{\alpha} \tag{6-5}$$

式中，Y 为干材生物量（t/hm^2）；X 为林分蓄积量（m^3/hm^2）；α、β 为回归系数。

6.2.3.7 各生物量组分所占比例估算

野外调查数据的各组分生物量，结合多项对数回归模型分别估算树皮、树枝和树叶 3 个生物量组分占总生物量的比例。树干、树皮、树枝及树叶占地上生物量的比例计算公式为

$$P_{s}=\frac{1}{1+e^{a_1+a_2\times V+a_3\times \ln(V+5)}+e^{b_1+b_2\times V+b_3\times \ln(V+5)}+e^{c_1+c_2\times V+c_3\times \ln(V+5)}} \tag{6-6}$$

$$P_{ba}=\frac{e^{a_1+a_2\times V+a_3\times \ln(V+5)}}{1+e^{a_1+a_2\times V+a_3\times \ln(V+5)}+e^{b_1+b_2\times V+b_3\times \ln(V+5)}+e^{c_1+c_2\times V+c_3\times \ln(V+5)}} \tag{6-7}$$

$$P_{br}=\frac{e^{b_1+b_2\times V+b_3\times \ln(V+5)}}{1+e^{a_1+a_2\times V+a_3\times \ln(V+5)}+e^{b_1+b_2\times V+b_3\times \ln(V+5)}+e^{c_1+c_2\times V+c_3\times \ln(V+5)}} \tag{6-8}$$

$$P_{f}=\frac{e^{c_1+c_2\times V+c_3\times \ln(V+5)}}{1+e^{a_1+a_2\times V+a_3\times \ln(V+5)}+e^{b_1+b_2\times V+b_3\times \ln(V+5)}+e^{c_1+c_2\times V+c_3\times \ln(V+5)}} \tag{6-9}$$

式中，P_s、P_{ba}、P_{br}、P_f 分别为树干、树皮、树枝、树叶占地上生物量的比例；V 为单位面积的蓄积量（m^3/hm^2）；a_1、a_2、a_3、b_1、b_2、b_3、c_1、c_2、c_3 为模型参数。对 4 个方程进行联立，可拟合出适合本研究区域的参数。

6.2.3.8 周转阶段参数估算

CBM-CFS3 模型通过计算生物量碳库的周转率来估算粗木质残体的碳库和凋落物的碳库，通过周转及分解两个阶段来驱动不同生物量碳库的碳流向土壤有机质碳库或排放到大气中。模型默认为加拿大地区的参数，与本研究区有差异，故根据周涛等（2010）、罗云建等（2013）的参数对其他木碳库周转参数、叶碳库周转参数、细根碳库周转参数和粗根碳库周转参数等进行修改，使参数适合本研究区域。

6.2.3.9 干扰模拟设置

CBM-CFS3 模型共设置包含 212 种不同的干扰类型，包含自然干扰（如林火、自然演替、虫灾）及人为干扰（如择伐、毁林、造林、商业疏伐和皆伐等）。一些干扰类型根据干扰强度进行设置，如商业疏伐和虫灾等，是根据研究区具体情况来对干扰后的林分年龄、干扰矩阵、干扰后森林类型、历史干扰类型等进行选择。

拟合与分析在 SPSS 17.0 中进行，采用回归分析拟合出不同森林植被林分生长方程。相关图表制作在 Excel 2010 中完成。将温度、湿度、林地面积、蓄积量等参数输入 CBM-CFS3 模型得到森林植被碳储量数据。各年度森林植被碳密度分布图和森林植被固碳速率分布图在 ArcGIS 10.0 中完成。森林植被固碳速率方程为

$$C_V = \frac{C_d - C_d'}{n} \tag{6-10}$$

式中，C_V 为 n 年的森林植被固碳速率 [t/(hm^2 · a)]；n 为年份差（年）；C_d 为 n 年后的森林植被碳密度（t/hm^2）；C_d'为 n 年前的森林植被碳密度（t/hm^2）。

6.3 模型参数调整

6.3.1 模型结构

在国家尺度上，CBM-CFS3 模型考虑到自然干扰如虫灾和火灾对森林生态系统的影响。森林的碳动态是森林生物量、森林的生长和分解速率、森林土壤碳库含量和森林生态系统碳传输速率共同作用的结果；而种群水平的碳动态又与树木的年龄分布和树木每年受到干扰的面积有关。CBM-CFS3 模型先将加拿大分为了不同的生态–气候区，共分为 48 个不同的生态系统类型；然后建立了不同的植被类型面积和碳含量的数据库、干扰影响数据库、历史森林干扰数据库和树木生长与气候数据库。其中干扰方面考虑了七种干扰类型，包括间伐、皆伐、火灾、皆伐+焚烧、火灾后的抢救性原木砍伐、虫灾引起的死亡和虫灾后的抢救性原木砍伐；最后 CBM-CFS3 模型从原始的状态开始模拟森林生态系统的碳库变化以及伴随的碳通量的改变。

CBM-CFS3 模型作为一个森林碳计量的框架，主要是用来模拟每个碳库林分的生长、凋落物转移和分解、生物量的转换所引起的碳储量的变化以及不同碳库之间碳的转移；并模拟不同干扰类型所引起的生物量周转和土壤有机质碳库中碳的转移，以及二氧化碳、甲烷和一氧化碳等温室气体的排放。CBM-CFS3 模型模拟过程结构图见图 6-3。模拟是从光合作用所造成的植被净生长即林分生长开始的，大气中的无机碳以生物量的形式进入森林生态系统，并构成渐渐稳定的生物量碳库；而生物量经过周转和分解之后使生物量碳库中的有机碳以碎屑或者凋落物的形式转移到土壤有机质碳库中去，在此过程中还伴随着人类的干扰导致的碳支出，以及自然干扰和凋落物的分解所带来的气体形式碳排放，从而向大气归还了部分的碳。CBM-CFS3 模型的结构几乎包含了森林生态系统碳循环可能发生的每一个过程。

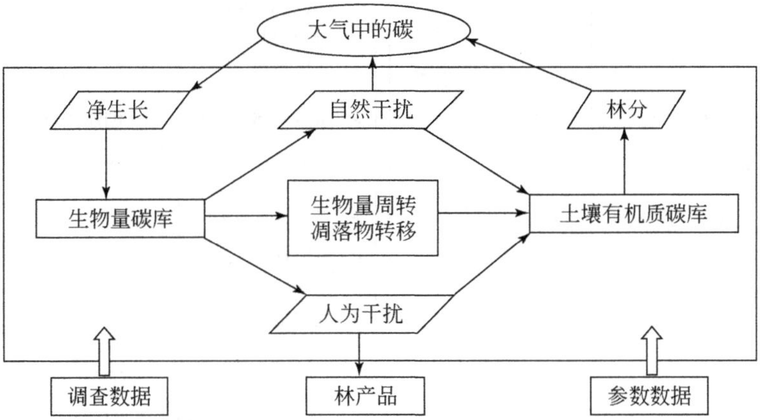

图 6-3　CBM-CFS3 模型模拟过程结构图

CBM-CFS3 模型拥有自身固定的处理过程，其主要是由 4 个分析处理过程组成的（图 6-4），用户可以根据自身目的，选择其中 3～4 个过程来执行模拟。第一部分，是最复杂的部分，即创建模板文件，其中模板文件是有固定的格式与输入要求的，文件中所包含的信息是可以从森林资源清查数据中获取的土地信息，同时需设定好索引，使

CBM-CFS3 模型能通过其查找到相关的植被信息，并导入到软件输入数据库中去，数据成功输入后即可进行模型模拟。第二部分，设定新的情景假设，对模拟可能涉及的所有过程进行假设设定，此过程为可选项。第三部分，根据每个步骤的复杂程度运用模型执行一个或者多个假设，这些假设既可以是连续的，又可以是非连续交叉的，这取决于研究者的目的。第四部分，进行模拟数据的后处理，在结果管理窗口可以创建视图，从而查看一个或多个情景模拟的结果，也可以对比多个输出结果，使结果更加直观。

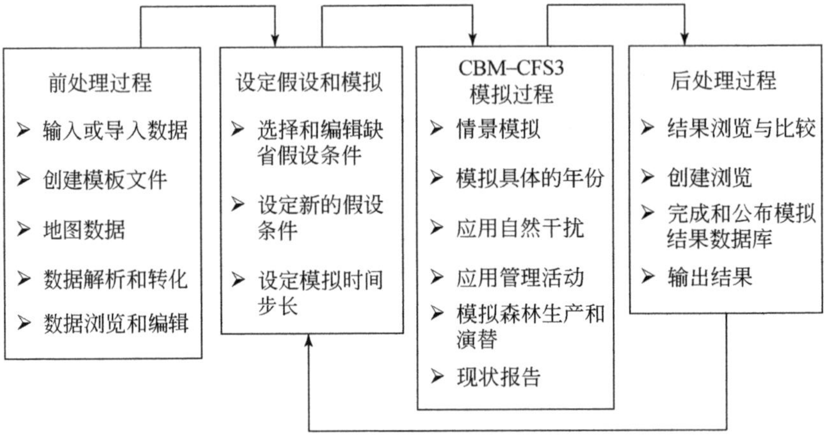

图 6-4　CBM-CFS3 模型的主要分析处理过程

6.3.2　蓄积生长方程参数调整

本研究根据野外森林植被调查数据，结合样地森林类型的林分蓄积量与林龄，建立了林分水平上的蓄积量生长模型。同时使用研究区内第七次全国森林资源清查数据对样地所在林分的面积、森林类型、林龄、土壤类型等信息进行补充。由于蓄积的生长受立地条件、树种、林龄和经营措施等因素的制约，因此本研究把分类器作为影响林分蓄积的生长属性的工具，根据不同属性值把样地中的森林生长环境类型进行了定性的划分，从而使模拟林分的蓄积量更加符合客观实际、使估算的结果更加具有代表性。

三个分类器所对应的林分静态属性分别是生态区、植被类型和坡向。本研究根据研究区的海拔将生态区分为坝上地区、接坝山地和冀北山地三部分；依据第七次全国森林资源清查数据将植被类型划分为阔叶林、针叶林、混交林和经济林；将坡向分为阴坡、阳坡和半阳坡。

参考之前学者的研究文献，以含四个参数的 Richards 方程为模型基本形式，共拟合出蓄积生长方程 36 个。方程系数、样本数等见表 6-1。由于模型不能模拟灌丛的森林植被碳储量，因此对于灌丛，采用 Liu 等（2013）的数据。

表 6-1 不同生态区、植被类型和立地类型的林分蓄积生长拟合方程参数

生态区	植被类型	坡向	系数				样本数
			$A/(m^3/hm^2)$	B	K	m	
坝上地区	阔叶林	阴坡	358.206	1.049	0.017	0.527	49
坝上地区	针叶林	阴坡	450.665	1.031	0.011	0.317	58
坝上地区	混交林	阴坡	431.291	1.022	0.011	0.429	37
坝上地区	经济林	阴坡	270.625	1.020	0.030	0.113	39
坝上地区	阔叶林	阳坡	355.431	1.046	0.016	0.522	57
坝上地区	针叶林	阳坡	476.984	1.032	0.010	0.319	41
坝上地区	混交林	阳坡	425.397	1.028	0.009	0.427	36
坝上地区	经济林	阳坡	246.130	1.017	0.028	0.116	28
坝上地区	阔叶林	半阳坡	324.407	1.051	0.019	0.535	49

续表

生态区	植被类型	坡向	系数				样本数
			$A/(m^3/hm^2)$	B	K	m	
坝上地区	针叶林	半阳坡	474.560	1.034	0.013	0.328	61
坝上地区	混交林	半阳坡	421.371	1.028	0.011	0.439	64
坝上地区	经济林	半阳坡	246.279	1.018	0.032	0.127	28
接坝山地	阔叶林	阴坡	353.215	1.047	0.020	0.546	49
接坝山地	针叶林	阴坡	476.147	1.033	0.015	0.308	85
接坝山地	混交林	阴坡	425.398	1.020	0.014	0.417	46
接坝山地	经济林	阴坡	261.754	1.014	0.035	0.109	65
接坝山地	阔叶林	阳坡	356.287	1.044	0.016	0.550	38
接坝山地	针叶林	阳坡	441.247	1.038	0.009	0.340	91
接坝山地	混交林	阳坡	476.527	1.020	0.008	0.437	64
接坝山地	经济林	阳坡	273.274	1.015	0.025	0.129	59
接坝山地	阔叶林	半阳坡	351.279	1.056	0.014	0.546	64
接坝山地	针叶林	半阳坡	427.467	1.021	0.011	0.397	39
接坝山地	混交林	半阳坡	414.278	1.030	0.015	0.407	71
接坝山地	经济林	半阳坡	227.467	1.018	0.037	0.149	36
冀北山地	阔叶林	阴坡	324.378	1.049	0.009	0.538	47
冀北山地	针叶林	阴坡	424.237	1.033	0.014	0.397	59
冀北山地	混交林	阴坡	479.354	1.022	0.007	0.427	61
冀北山地	经济林	阴坡	249.354	1.011	0.021	0.178	46
冀北山地	阔叶林	阳坡	346.379	1.046	0.016	0.539	84
冀北山地	针叶林	阳坡	427.070	1.036	0.014	0.374	64
冀北山地	混交林	阳坡	426.456	1.028	0.007	0.409	94
冀北山地	经济林	阳坡	231.671	1.018	0.033	0.134	37
冀北山地	阔叶林	半阳坡	361.567	1.059	0.022	0.549	64
冀北山地	针叶林	半阳坡	446.317	1.037	0.017	0.331	64
冀北山地	混交林	半阳坡	434.537	1.025	0.014	0.407	67
冀北山地	经济林	半阳坡	231.530	1.026	0.036	0.197	37

6.3.3 蓄积量–干材生物量转换参数

林分的蓄积量和生物量虽然是从两个角度来反映树木生长状况的，但它们之间存在着良好的函数关系。森林蓄积量可以通过线性函数、幂函数或双曲线函数转换成森林乔木层的生物量（方精云等，1996；王玉辉等，2001）。因此使用蓄积量–生物量转换方程是估算森林生物量的重要方法之一，此方法能够避免将蓄积量和生物量比值当作常数所带来的缺陷（罗云建等，2009）。CBM-CFS3 模型是通过使用幂函数的方式将森林蓄积量转化为生物量的，因此本研究采用幂函数（罗云建等，2009）对干材生物量与林分蓄积量进行拟合。

$$Y=\beta \cdot X^{\alpha} \tag{6-11}$$

式中，Y 为干材生物量（t/hm^2）；X 为林分蓄积量（m^3/hm^2）；α、β 为回归系数。根据野外实际调查数据及森林资源清查数据拟合出的河北北部森林植被蓄积量–干材生物量转换方程参数如表 6-2 所示。

表 6-2　不同森林植被类型的蓄积量–干材生物量转换拟合方程参数

森林植被类型	系数		决定系数（R^2）	预估精度/%	显著水平
	α	β			
阔叶林	0. 685	3. 396	0. 816	85. 63	0. 0002
针叶林	0. 739	3. 069	0. 860	89. 38	0. 0003
混交林	0. 720	3. 119	0. 905	86. 65	0. 0001
经济林	0. 637	3. 690	0. 827	87. 34	0. 0003

从表 6-2 可知，所有森林类型的 α、β 参数估计值均较为接近，并且所有蓄积量–干材生物量转换方程均达极显著水平（$P<0.001$）。阔

叶林蓄积量–干材生物量转换方程决定系数最低，也达到了0.816，混交林方程的决定系数最高，达到了0.905，表明该方程可解释该地区混交林蓄积量–干材生物量变动的90%以上。总体而言，使用表6-2中参数的幂函数能够对研究区干材生物量进行拟合且效果理想。

6.3.4 生物量组分比例参数

根据式（6-7）~式（6-9）及野外调查的数据对树皮、树枝、树叶组分生物量比例参数进行拟合，各组分拟合结果及各统计指标见表6-3~表6-5。

表6-3 不同森林植被类型的树皮生物量比例参数

森林植被类型	系数			决定系数	预估精度	显著水平
	a_1	a_2	a_3	(R^2)	/%	
阔叶林	−0.1867	0.0004	−0.3570	0.495	75.71	0.0001
针叶林	−1.0572	0.0007	−0.2016	0.752	95.28	0.0038
混交林	−1.7817	−0.0017	−0.0230	0.510	85.74	0.0044
经济林	0.3167	0.0001	−0.0322	0.716	97.71	0.0001

表6-4 不同森林植被类型的树枝生物量比例参数

森林植被类型	系数			决定系数	预估精度	显著水平
	b_1	b_2	b_3	(R^2)	/%	
阔叶林	−0.1082	0.0013	−0.2725	0.563	68.26	0.0127
针叶林	−1.6582	−0.0029	0.1491	0.850	80.72	0.0007
混交林	0.0151	0.0024	−0.3623	0.529	60.56	0.0085
经济林	0.5213	−0.0002	−0.4753	0.562	70.13	0.0001

表 6-5 不同森林植被类型的树叶生物量比例参数

森林植被类型	系数			决定系数	预估精度	显著水平
	c_1	c_2	c_3	(R^2)	/%	
阔叶林	2.7463	0.0061	−1.2545	0.524	65.01	0.0042
针叶林	1.9612	0.0012	−0.8591	0.568	65.50	0.0123
混交林	−0.4924	0.0027	−0.3960	0.721	68.29	0.0007
经济林	1.2616	−0.0011	−0.5672	0.716	64.65	0.0015

由表 6-3 可知，除阔叶林外所有树皮方程的预估精度均在 85% 以上，但不同树种组间决定系数相差较大，针叶林和经济林的决定系数较高，都在 0.7 以上，而阔叶林和混交林的决定系数都在 0.5 左右。针叶林和混交林树皮方程均未达到极显著水平。因此综合各个统计指标可知针叶林和经济林的树皮方程拟合效果较好。

由表 6-4 可知，树种组树枝比例拟合方程中只有针叶林方程的决定系数在 0.6 以上，达到了 0.850，其拟合效果比较理想；而其他三种植被类型的树枝方程决定系数均在 0.5 ~ 0.6，拟合效果一般。且阔叶林和混交林的树枝方程均未达到显著水平（$P<0.005$）。预估精度各方程之间差距不大，均在 60% ~ 81%。因此综合各个统计指标可知只有针叶林的树枝方程拟合效果相对较好。

由表 6-5 可知，所有植被类型树叶方程决定系数均大于 0.5，其中混交林的决定系数最大，为 0.721；所有方程预估精度均在 60% 以上；除针叶林外均达到显著水平。因此综合各个统计指标可知只有针叶林的树叶方程拟合效果相对较差。

综合评价树皮、树枝、树叶这三个生物量组分比例的拟合效果时，方程的预估精度基本在 65% 以上，决定系数 R^2 除阔叶林树皮参数外均在0.5以上，除阔叶林、混交林树枝比例方程和针叶林树叶比例方程外，所有 P 值均小于0.005，说明均达到显著或极显著水平，故本研究的不同森林植被类型树皮、树枝、树叶比例参数拟合效果较好，可以代表该地区的实际情况。

6.3.5 周转阶段参数

森林在自身生长及干扰的作用下将会产生大量粗木质残体与凋落物。这些粗木质残体和凋落物的周转对林分演替更新、林间腐殖质构成、水土保持、森林火灾等均具有重要的作用，同时这些粗木质残体和凋落物也为部分动物、植物和微生物提供栖息地。因此死亡有机质的周转不仅是森林生态系统养分循环的重要过程之一，而且是森林生物化学循环中的关键环节。对这一周转情况进行研究，对于保持合理地经营管理现有森林生态系统具有十分重要的意义（Harmon et al., 1995；Lamberty and Gower, 2008；何东进等，2009）。

CBM-CFS3 模型的周转阶段参数如表6-6所示，根据参数的定义结合罗云建等（2013）、周涛等（2010）、周玉荣等（2000）、Lu 等（2009）和 Piao 等（2009）的研究对主要周转参数进行改进。模型原有参数及采用参数如表6-6所示。

表6-6　森林植被周转阶段默认参数及本研究区不同森林植被类型的采用参数

参数	默认参数	本研究参数			
		BF	CF	MF	EF
其他木碳库周转参数	0.03～0.04	0.0278	0.0189	0.0289	0.0311
叶库周转参数（BF）	0.95	0.9513	—	0.3524	0.6134

续表

参数	默认参数	本研究参数			
		BF	CF	MF	EF
叶库周转参数（CF）	0.05～0.15	—	0.1356	—	—
细根周转参数	0.641	1.259	1.433	0.641	1.092
粗根周转参数	0.02	0.0239	0.0181	0.0241	0.0336

注："—"表示此参数不存在。BF，阔叶林；CF，针叶林；MF，混交林；EF，经济林

根据周涛等（2010）、Shi 和 Cui（2010）、Wang B 等（2012）及 Zhang 和 Wang（2010）研究提供的中国森林常绿阔叶林（HW）、常绿针叶林（SW）的叶、其他木、根系碳周转时间，估算出本研究对应的叶、其他木、粗根和细根碳库每年的碳周转比例。

6.3.6 干扰设置

在干扰类型的设置方面，模型中对火灾的设置和研究区域实际情况是较为不同的。默认设置为虫灾及火灾所导致的所有林木死亡同时进行林分的演替，同时火灾是默认林分演替的干扰。但在研究区域内，由于多为人为管理的保护区，故火灾和虫灾并不是最常见的引起林分进行演替的干扰类型，同时火灾和虫灾也不是完全致死的。因此将清单文件中的历史干扰类型设置成自然演替，最近一次的干扰类型设置成自然演替（天然林），同时为了对不同林分的不同死亡等级进行模拟，采用模型中一系列死亡率（5%～95%）的通用死亡干扰来对研究区的火灾及虫灾干扰进行模拟。

6.4 森林植被碳储量、固碳速率与固碳潜力的计算

森林生态系统是一个气候、植被和土壤之间相互影响的系统，植被与土壤、气候之间存在着复杂的能量流动和物质循环过程，因此在发生能量流动和物质循环时，光合作用所产生的有机物被有规律地分配到森林生态系统的四个主要碳库中去，分别是植被生物量碳库、凋落物碳库、土壤有机碳库和森林动物碳库。其中，土壤有机碳库是森林生态系统中最大的碳库，其主要成分是掉到森林地表的有机物质通过腐殖化作用转化成的土壤有机质；凋落物碳库的碳储量和研究区的气温、降水和树种等因素有关；动物碳库碳储量在整个森林生态系统中所占比例十分小，全球不足0.1%（Kimmins，1987），所以通常忽略森林动物碳库不计。那么，森林生态系统的碳储量其实就是由土壤有机碳库、凋落物碳库和植被生物量碳库的碳密度以及各森林类型的面积大小来决定的。研究森林生态系统的碳收支情况，其实就是研究土壤有机碳库、凋落物碳库和植被生物量碳库之间的碳量分配与交换，以及与大气之间的碳交换。而学者一般是从植被的生物量开始进行森林生态系统的碳储量和碳收支情况研究的。同时，对该研究区土壤有机碳库和凋落物碳库已有相应的研究（赵昕等，2014；张楠楠等，2015）。

根据第七次全国森林资源清查数据模拟河北北部森林生态系统的生长、毁林、采伐等情况后得到2010年该地区各龄级森林面积，各龄级森林面积如图6-5所示。由图6-5可知，2010年研究区林龄为20～30a的森林面积最大，且研究区森林多为林龄小于30a的幼龄林和中龄林。

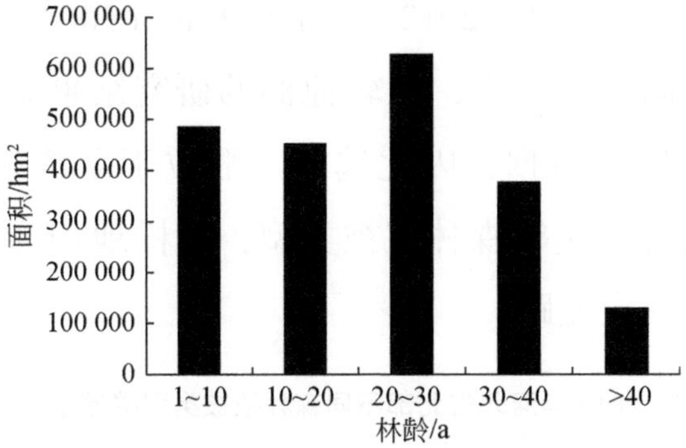

图 6-5　2010 年河北省北部森林各龄级面积

6.4.1　不同森林植被类型森林植被碳储量与碳密度

本研究将第七次全国森林资源清查数据的林龄、面积作为模型的模拟基础，调整林龄–蓄积量生长曲线、蓄积量–干材生物量转换参数、植被周转参数和干扰情况等一系列参数，运用 CBM-CFS3 模型模拟得出河北北部各森林类型植被碳储量，并用各森林类型的面积求得碳密度。由于模型可以将时间尺度设置为年，因此通过对未来的模拟可以得到每年的碳储量。其中 2010 年河北北部森林植被碳储量总量为 59.66Tg，森林植被平均碳密度为 25.05t/hm²。4 种森林植被类型中森林植被碳储量最大的为阔叶林，为 30.97Tg，约占总森林植被碳储量的 52%；其次是混交林，为 15.73Tg，约占 26%；之后是针叶林，为 12.36Tg，约占 21%；经济林最少，为 0.60Tg，约占 1%。森林植被碳密度从大到小排列分别为针叶林 26.13t/hm²、阔叶林 26.09t/hm²、混交林 24.50t/hm² 和经济林 7.53t/hm²（表 6-7）。本研究模拟的河北北部森林植被碳储量和平均森林植被碳密度结果与吴瑾等（2010）、杨玉姣等（2014）、张田田（2012）、Li 和 Han（2008）、Liu 等（2010）的研究结果处在同一水平上，但较他们的研究结果略小，这是由于前人试验全部属于实测数据，因此选点一般位于立地条件较好的位置，没有考虑非林地与灌丛等森林植被类型，且样地均为人工林，这就造成估算结果存在一定差距。

表 6-7　2010 年河北省北部不同森林植被类型碳储量及碳密度

森林植被类型	碳储量/Tg	碳密度/(t/hm²)	碳储量比例/%
阔叶林	30.97	26.09	52
针叶林	12.36	26.13	21
混交林	15.73	24.50	26
经济林	0.60	7.53	1

6.4.2　不同林龄森林植被碳储量、碳密度与固碳速率

从林龄的角度来看，除经济林外，其余各林分占生物量比例最大的均为林龄为 20～30a 的森林（图 6-6），说明成熟林是主要的植被碳储量来源。

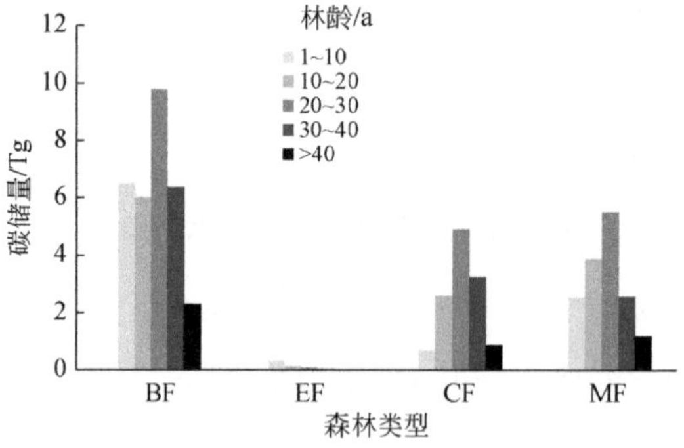

图 6-6　不同林龄各植被类型碳储量

BF，阔叶林；CF，针叶林；MF，混交林；EF，经济林

所有森林植被类型的碳密度均随林龄的增大而增大（图 6-7），直至达过熟死亡，符合一般的生长规律。其中大于 40a 的针叶林森林植被碳密度最大，1～10a 的经济林森林植被碳密度最小，其森林植被碳密度分别为 38.76t/hm^2 和 6.37t/hm^2。

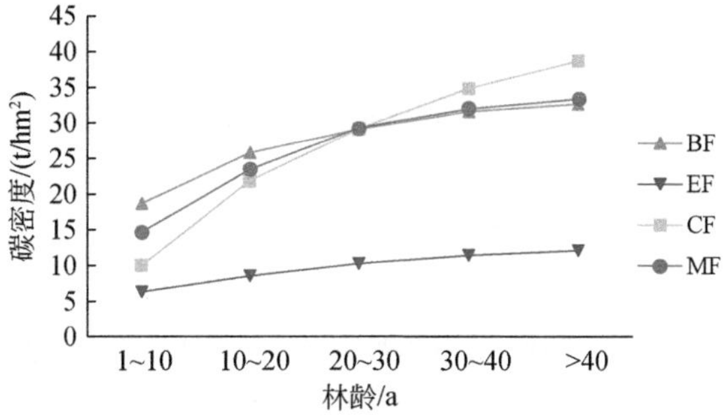

图 6-7　不同植被类型碳密度变化趋势

BF，阔叶林；CF，针叶林；MF，混交林；EF，经济林

除经济林外，其余森林植被碳储量大体随林龄呈先升高后降低的趋势，且均在 20～30a 森林植被碳储量达最大。主要是因为 20～30a 的森林面积最大，研究区森林多为幼龄林和中龄林，未来仍有较大固碳潜力。

除针叶林在 10～20a 森林植被固碳速率达最大值外，其余森林植被类型的植被固碳速率均在 1～10a 达最大值（图 6-8，表 6-8），且各森林植被类型植被固碳速率最大值排序为：阔叶林 1.87t/(hm^2·a) >混交林 1.47t/(hm^2·a) >针叶林 1.19t/(hm^2·a) >经济林 0.64t/(hm^2·a)。最小值为大于 40a 的经济林，为 0.07t/(hm^2·a)。说明幼龄林和中龄林固碳潜力大，成熟林固碳潜力小。

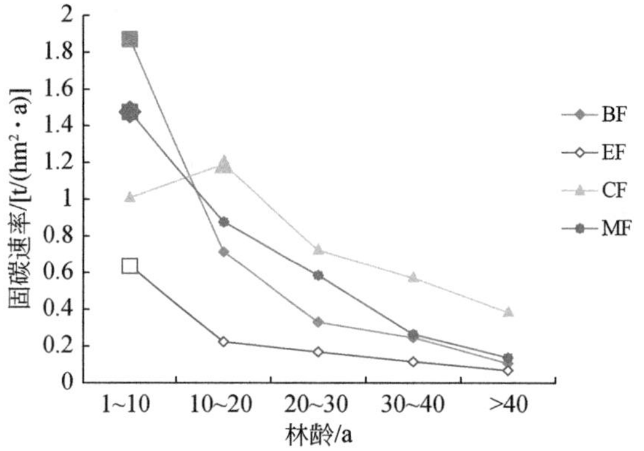

图 6-8　不同植被类型固碳速率变化趋势

BF，阔叶林；CF，针叶林；MF，混交林；EF，经济林

表 6-8　不同林龄森林植被碳密度、碳储量及固碳速率

林龄/a	碳密度/(t/hm²)				碳储量/Tg				固碳速率/[t/(hm²·a)]			
	BF	EF	CF	MF	BF	EF	CF	MF	BF	EF	CF	MF
1~10	18.72	6.37	10.09	14.74	6.51	0.32	0.71	2.54	1.87	0.64	1.01	1.47
10~20	25.86	8.61	21.98	23.52	6.02	0.13	2.62	3.88	0.71	0.22	1.19	0.88
20~30	29.17	10.31	29.22	29.36	9.79	0.08	4.92	5.52	0.33	0.17	0.72	0.59
30~40	31.64	11.47	34.92	32.02	6.36	0.04	3.24	2.58	0.24	0.12	0.57	0.27
40	32.72	12.16	38.76	33.41	2.29	0.03	0.87	1.21	0.11	0.07	0.38	0.14

注：BF，阔叶林；CF，针叶林；MF，混交林；EF，经济林

6.4.3　河北北部森林植被碳密度、固碳速率与固碳潜力分布图

6.4.3.1　河北北部森林植被碳密度分布图

在 ArcGIS 10.0 中，将模型模拟数据结合清查数据，根据森林植被类型和林龄对结果进行归类，得到 2010 年河北北部森林植被碳密度空

间分布图。

由图 6-9 可知，2010 年研究区森林植被碳密度总体从西北向东南呈递增趋势。这是由于东南地区海拔低，靠近沿海，属于季风性气候，来自东南沿海的季风可以到达，导致气温较高，降水较多，因此森林植被覆盖度较西北高海拔地区要高，同时海拔低的东南地区气压相对较高，这就意味着蒸腾拉力较高海拔地区大，可以生长高大的且固碳能力较强的阔叶林、针叶林和混交林；西北地区海拔高，降水少，气压低，属于高原气候，这就导致森林不易成活，所以大多数为固碳能力较差的灌丛和经济林。

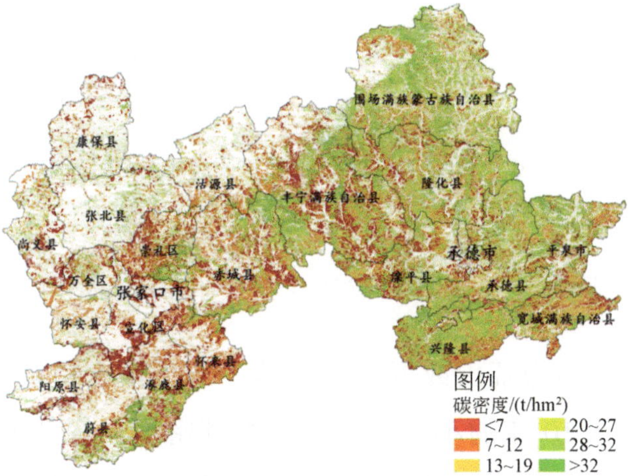

图 6-9　2010 年研究区森林植被碳密度空间分布

6.4.3.2　河北北部森林植被固碳速率分布图

森林植被固碳速率分布图与森林植被碳密度分布图基本保持一致，即从西北向东南呈递增趋势，张家口地区森林植被固碳速率基本小于 0.5t/(hm^2·a)，承德地区森林植被固碳速率基本大于 0.5t/(hm^2·a)，尤其在宽城满族自治县和兴隆县，基本大于 1t/(hm^2 · a) （图 6-10），这是由于大部分阔叶林、针叶林和混交林位于承德地区，而张家口地区的经济林和灌丛较多。

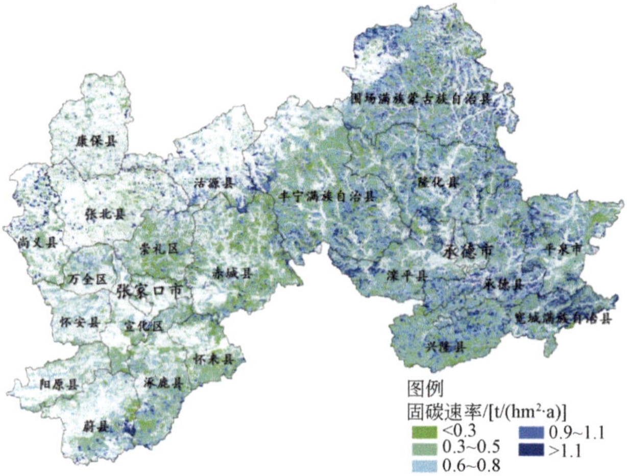

图 6-10　2010 年研究区森林植被固碳速率空间分布

6.4.3.3　河北北部森林植被碳密度变化的预测

植树造林前均为荒山或退耕还林地，几乎没有植被碳储量，故通过去除年龄小于 10 年的小班数据的植被碳密度，将大于 10 年的小班数据按生长速率扣除这 10 年生长值，得到 2000 年河北北部森林植被碳储量为 40. 12Tg，植被碳密度为 23. 04t/hm^2。2010 年河北北部森林平均植被碳密度为 25. 05t/hm^2，植被碳储量为 59. 66Tg。假设在不造林即森林面积不变的情景下，模型预测的 2020 年、2030 年河北北部森林植被碳密度空间分布分别见图 6-11、图 6-12。2020 年河北北部森林植被碳密度增加到 29. 54t/hm^2，植被碳储量为 70. 34Tg。其中，东部地区森林植被碳密度增加较明显；至 2030 年，河北北部森林平均植被碳密度增至 32. 21t/hm²，植被碳储量为 76. 71Tg，较 2000 ~ 2010 年的森林植被碳储量提高缓慢。且 2030 年后，由于该区主要植被类型阔叶林由中幼龄林为主逐渐变为以过熟林为主，森林固碳量逐渐趋于饱和，除围场等针叶林区植被碳密度略有增加外，2030 年后河北北部森林植被碳密度与植被碳储量变化不大。

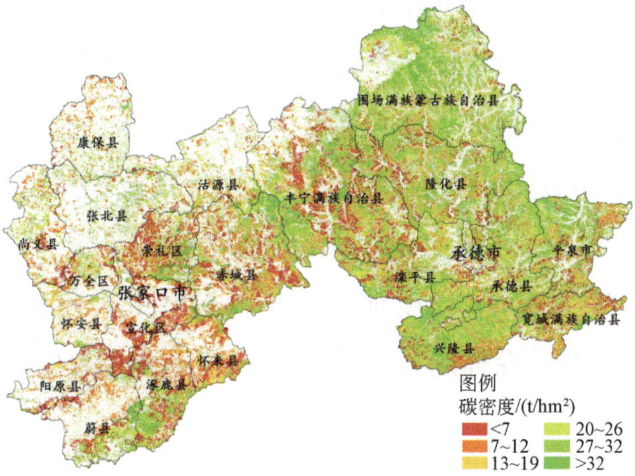

图 6-11　2020 年研究区植被碳密度空间分布

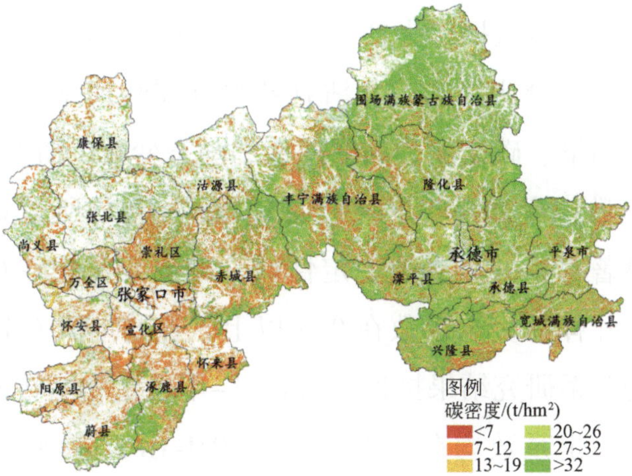

图 6-12　2030 年研究区植被固碳潜力空间分布

可以看出，2000～2010年虽然植被碳密度增长较小，但增加了造林面积，植被碳储量增加了48.7%，2010～2030年在不造林的情景下，虽然植被碳密度增加较多，但植被碳储量仅增加了17.05Tg，仅为2000～2010年植被碳储量增加量的87.3%。

将无造林的2010～2030年情景和造林的2000～2010年情景对比发现，造林情景下的河北北部森林植被碳储量较无造林情景有较大幅度提升，对比2010年与2000年研究区碳汇情况发现，这10年河北北部地区森林植被碳储量在京津风沙源治理工程等一系列造林措施的影响下增加了19.54Tg（不包括灌木），占到总植被碳储量的32.8%，在不造林的情景下，植被碳储量仅增加了17.05Tg，还不及造林情景下增加的碳储量多，说明大力度地进行植树造林和合理地对现有森林进行保护和抚育对提升森林的植被碳储量具有十分重要的作用。

6.4.3.4 不确定性分析

本研究以第七次全国森林资源清查数据为主要数据源，野外森林植被调查数据和文献数据作为补充数据源，拟合出蓄积量-生物量转换参数及生物量各组分比例参数，估算各组分周转速率，模拟河北北部森林植被的碳储量、碳密度和固碳速率的动态变化。研究结果如下。

（1）各参数拟合效果较好，采用Richards方程所建立的蓄积生长方程均达极显著水平并且参数稳定性好，相关系数均在0.7以上，其中阔叶林和针叶林的决定系数在0.9以上，这与前人对我国的森林生物量和林龄的关系研究结果接近。蓄积量-干材生物量转换方程也均达极显著水平，决定系数均在0.8以上。CBM-CFS3模型在计算不同生物量组分比例时使用的多项对数的相容性回归方程目前在国内还较少见，因此可作为对国内普遍使用相容性生物量研究的一种补充与参考。各森林植被类型的树皮、树枝和树叶 3 个生物量组分比例方程的预估精度均在 60% 以上，决定系数几乎都在 0.5 以上。除阔叶林、混交林树枝比例方程和针叶林树叶比例方程未达显著性水平以外，其余的森林植被类型不同组分所拟合的方程均达到了显著或极显著的水平。森林植被类型间进行比较时，阔叶林拟合效果较差，这与阔叶林包含树种多，树皮、树叶、树枝等组分的测定经常出现较大误差以及不同的研究者所采用的方法存在差异有关。

（2）综合分析 3 个生物量组分拟合结果，树皮比例参数拟合效果最好，其次是树叶，树枝的综合拟合效果最差。其他模型需要的参数中，由于中国森林调查技术规定与加拿大有所不同，在林木分类及测定对象方面存在较大差异。根据我国学者的研究成果（罗云建等，2013）和我国的干扰类型特点，本研究对模型中的碳库进行了重新定义：①将商品材碳库定义改为森林所有林木的地上生物量；②将其他木碳库定义为所有林木的树枝部分。并对 CBM-CFS3 模型的生物量周转参数和干扰类型进行了修改。通过重新定义和修改，不仅可以消除模型定义与输入变量之间的差异，还可以降低碳库生物量组分的差异，这对之后确定生物量周转参数和死亡有机质分解参数十分有帮助。对河北北部各森林植被类型参数修改前后总死亡有机质碳储量进行了差异性分析，结果表明，参数修改后研究区各森林植被类型死亡有机质碳密度与参数修改前具有显著差异，修改后死亡有机质碳库储量与野外调查实测数据接近，证明采用的参数可模拟出河北北部森林不同森林植被类型的森林植被碳储量与碳密度，较为科学合理。

（3）森林生态系统植被碳储量及碳密度对评价森林生长状况、了解森林生产力具有重要意义。CBM-CFS3 模型模拟得到 2010 年河北北部森林生态系统森林植被碳储量为 59.66Tg，森林植被平均碳密度为 25.05t/hm^2，森林植被固碳速率在 0.07～1.87t/(hm^2·a)。由分析结果可知，森林生态系统植被碳密度与树种林龄的结构、生长的特性有关，森林生态系统植被碳储量又与森林面积有关。所有森林类型中，针叶林森林植被碳密度最大，达到 26.13t/hm^2，其次为阔叶林森林植被碳密度，为 26.09t/hm^2。但由于阔叶林森林面积明显大于针叶林森林面积，故阔叶林森林植被碳储量（30.97Tg）远大于针叶林森林植被的碳储量（12.36Tg）。不同森林植被类型森林植被固碳速率最大值分别为阔叶林 1.87t/(hm^2·a)、混交林 1.47t/(hm^2·a)、针叶林 1.19t/(hm^2·a) 和经济林 0.64t/(hm^2·a)。这说明虽然阔叶林的森林植被固碳速率最大值最大，但是降低也快，而针叶林的森林植被固碳速率虽然没有阔叶林大，但固碳速率稳定且时间长，所以其森林植被碳密度比阔叶林大。

（4）一般来说，造林主要是由于增加了森林的面积，因此可以增加森林的植被碳储量。本研究发现，造林能够改变森林的林龄结构，从而加快森林植被的固碳速率。林龄在 40 年之后森林的固碳能力越来越差，直至过熟死亡，因此新的造林在其初始阶段能够极大地增加此处森林植被的固碳速率。

（5）从空间分布来看，森林植被碳密度总体从西北向东南呈递增趋势，以阔叶林、针叶林和混交林为主的承德地区森林植被碳密度较高，且森林植被碳密度增长潜力大，以灌丛和经济林为主的张家口地区森林植被碳密度相对较低。张家口地区受到地形和气候的限制，树木不易存活，导致该地区森林覆盖度较低，虽然京津风沙源治理工程增加了灌丛面积，森林植被碳密度和固碳潜力仍较低；承德地区由于其海拔较低，更靠近沿海地区，因此比西北地区拥有更多的森林和更高的森林植被碳密度。

将森林资源清查数据中的树种划分为 4 种森林植被类型，而实际的森林植被类型不止 4 种，将不同树种归为一种森林植被类型进行蓄积生长方程模拟，没有考虑土壤类型、立地条件等对结果的影响。同时只是模拟了森林和灌丛的植被碳密度，并没有对草本的植被碳密度和土壤碳密度进行估算。由于目前尚不能修改地下生物量估算参数，因此模型参数会对河北北部森林生态系统的地下生物量计算造成一定的不确定性。如今随着遥感技术、地理信息技术和模型的发展，有关森林植被时空变化的研究已有很多，越来越多的空间性模型加入了气候变化和土地利用变化等因素，使模拟过程更接近现实情况、模型机理更完善、模拟结果的不确定性更少，最终能满足国际公约的监测和报告本国森林碳储量及其变化的要求。

本研究模拟林分生物量碳库时没有将林下的灌木和草本等组分计算在内，因此会低估区域尺度上森林生态系统的碳储量。在拥有数据支持的情况下，可以根据生物量扩展因子的计算方法来对森林的生态系统各组分的生物量进行全方位的估算，从而使 CBM-CFS3 模型的模拟不确定性进一步降低。

本研究在干扰类型和干扰时间数据缺少的情况下使用了平均法，将每年的干扰面积进行了平均，如果拥有详细的干扰数据的话，则可以进行真正意义上对森林生态系统每年的干扰情景的模拟。同时现如今对不同的死亡等级火灾和虫灾模拟与计算使用的是 CBM-CFS3 模型默认的干扰矩阵，未来随着对森林生态系统干扰的深入研究，就可以根据研究区的干扰具体情况修改 CBM-CFS3 模型中的默认干扰矩阵，进而可以实现 CBM-CFS3 模型对不同的死亡等级火灾和虫灾的模拟与计算，最后达到减小模型模拟的不确定性并且更加准确地应用模型模拟各种干扰对森林生态系统的影响。

CBM-CFS3 模型所使用的林分生长曲线作为模型模拟的整个森林生态系统碳储量的来源，虽然这种林分生长曲线结合了长期的气候变化影响等因素，但通过这种林分生长曲线来模拟短期的气候变化响应仍然不够敏感。并且目前的 CBM-CFS3 模型还无法反映出二氧化碳浓度的增加、氮沉降以及全球气候变暖等气候变化对森林生态系统生产力和碳储量变化的影响。未来可以在森林基础数据的累积和对森林生态系统碳循环研究进一步深入的基础上，使模型可以计算灌木和草本的碳储量并且进一步改进 CBM-CFS3 模型的参数，使模型的模拟更加准确和接近现实。CBM-CFS3 模型未来还可以把现有的计算方法的优点和光合作用的模型的优点结合起来，从而达到使用森林资源清查数据就可以反映对森林生态系统气候变化响应的目的。

目前我国的碳计量方法还处于 IPCC 推荐使用的第二层次，即使用较详细的国内获取的参数和本国活动水平数据，应用 IPCC 的基本方法及其提供的参数进行计算。如今国内学者在使用森林资源清查数据研究区域尺度的森林生态系统碳收支情况时，总是根据蓄积量–生物量转换因子法来计算森林生态系统的生物量和碳储量，并且这种方法只能计算出森林生态系统碳储量的现量，还需要将至少两期的森林资源清查数据来进行比较才能得出森林生态系统的生产力。并且使用这种方法时如果土地类型或优势树种发生变化，就会造成计算结果较实际情况偏低（曾伟生和陈雪峰，2006）。本研究使用的 CBM-CFS3 模型属于 IPCC 推荐使用的第三层次的方法，在使用森林资源清查数据对森林生态系统的生物量碳库碳储量进行计算时可以准确地还原模拟每年各种干扰类型对森林生态系统碳储量的影响，还可以计算土地利用变化对森林生态系统造成的影响。因此使用 CBM-CFS3 模型计算森林生态系统碳储量的方法对提高我国的碳计量的应用层次和应对国际谈判以及增强我国的履约能力都具有十分重要的意义。

第7章 提升京津风沙源治理工程固碳效应的管理对策与措施

全球气候变化是当前国际社会关注的热点之一，而人类活动所导致的大气中 CO_2 等温室气体浓度的增加被认为是全球气候变化的主要根源。因此，气候变化国际谈判已成为各国政府之间、发展中国家与发达国家之间的政治博弈，谈判的结果也直接关系到国家发展和国家安全。

我国是世界上人口最多的发展中国家，改革开放40多年来，我国的经济持续而快速地增长，但早期的传统经济增长模式主要是依赖于资源的投入，使得我国成为温室气体排放率上升最快的国家之一。根据美国能源部的统计，2006年全球碳排放量约为27.9Gt CO_2，其中中国占21%，美国占20%，按现在的经济模式到2030年全球碳排放量约为40.6Gt CO_2，其中中国将占29%，美国为14%。因此，我国的温室气体排放问题已经成为全球关注的焦点，我国政府面临着巨大的减排和增汇压力，这将成为制约国家经济发展的重要因素，在适度控制工业减排的基础上，增加陆地碳汇、减少陆地碳排放是我国的必然选择。

随着经济的发展和科学技术的进步，我国政府非常重视生态环境的改善和保护，不仅在经济活动中采取先进的减排技术和措施，如清洁生产和循环经济等，而且国家投入大量的人力、物力和财力进行生态建设，自 20 世纪 70 年代以来，先后启动了一批重大生态工程，尤其是进入 21 世纪后，国家更是致力于经济发展与生态改善和保护的协调统一，致力于区域和国家经济的可持续发展，避免重复走发达国家在发展过程中的先污染、后治理的老路。

随着《京都议定书》的实施，人为通过陆地生态系统固碳可以作为抵消 CO_2 减排的额度，为此，各国争相对人为固碳的可能进行相关的研究。我国是世界上人工植被建设面积最大的国家，因此，加强对我国重大生态工程固碳速率和潜力的研究，有助于我国在国际上气候变化以及碳贸易外交谈判中处于有利的位置。我国作为负责任的大国，为应对全球气候变化做出了重要贡献。我国在今后的碳减排压力依然是有增无减，如何通过增加陆地碳汇、减少陆地碳排放来缓解减排压力依然是必须高度重视的战略性科技问题。重大生态工程建设应该是我国控制温室气体排放的国际承诺的主要组成部分。我国政府一直非常重视生态环境建设，开展了举世瞩目的重大生态工程建设。重大生态工程不但在保障我国生态安全中发挥重要作用，而且通过固定大气中的 CO_2 为应对全球气候变化做出贡献。现有初步估算表明，根据我国林业工程建设规划，2010 年林业工程新增的固碳潜力为 113.72Tg。

开展重大生态工程固碳速率、潜力研究与认证，认识我国重大生态工程的实际固碳效果，分析影响固碳潜力和固碳措施推广的社会经济因素，可为重大生态工程纳入 CDM 碳汇项目提供科学基础。加强生态环境建设和国家安全保障的全局性、长远性科技问题，成为我国科学界必须面对的、亟须解决的重大国家需求。

自 20 世纪 70 年代以来，我国先后启动了一批重大生态工程，不仅对我国生态环境的改善起到了重要的作用，而且具有重要的固碳作用。然而，长期以来这些工程的固碳作用和效果还没有引起足够的重视，缺乏统一、科学的重大生态工程固碳速率和潜力的评估和认证方法，难以发挥其在应对全球气候变化中的重要作用，并且每个研究者的方法及数据上也存在着很大的差异，因此，建立适合我国每个重大生态工程固碳速率和潜力的评估方法，对我国重大生态工程的固碳潜力和效应进行统一和准确的评估显得十分必要且尤为迫切。

京津风沙源治理工程是为改善和优化京津及周边地区生态环境状况、减轻风沙危害、履行《联合国防治荒漠化公约》而实施的一项具有重大战略意义的生态建设工程。工程以控制水土流失、防止沙漠化、改善生态环境为核心目标。工程的生态影响和治理效果备受关注，同时对提升工程固碳效应的管理对策与措施进行全面、客观的总结、提炼尤为重要。

京津风沙源治理工程以恢复林草植被为主要手段，因此，工程产生生态影响的主要传导机制是土地利用变化促使生态系统的功能发生变化，进而可能对生物（野生动植物及植被）、土壤、水、气候产生影响。

陆地生态系统是全球最重要的碳库，其中陆地植被中的生物固碳量为500PgC，土壤有机碳为2000PgC。每年陆地生态系统与大气间的 CO_2 交换通量约60PgC（葛之葳，2009）。因此有效地发挥陆地生态系统的碳库功能，对维持大气的 CO_2 浓度具有重要意义。在陆地生态系统中，森林生态系统被认为是有机碳储存量最大的库，占到一半左右（1146PgC），其中储存在植物中的碳为359PgC，土壤中为787PgC（Dixon et al.，1994）。据估算，北美洲的森林每年可以吸收1.7PgC，固碳强度为 300gC/m^2（Fan et al.，1998）。

森林固碳经济有效。森林固碳是通过光合作用吸收 CO_2，放出 O_2，从而把大气中的 CO_2 以生物量的形式固定下来实现的。有效性体现在林木每生长 1m^3，平均吸收 1.83t CO_2，放出 1.62t O_2。全球森林对碳的吸收和储量占全球每年大气与地表碳流动量的 90%。经济性则表现为，在中国种植 1hm^2森林，储存 1t CO_2 的成本约为 122 元，而非碳汇措施减排 1t CO_2 成本高达数百美元。据测算，一个 20 万 kW 机组的煤炭发电厂每年约排放 87.78 万 t CO_2，其可被 3.2 万 hm^2 人工林在 1 年中吸收的 CO_2 当量抵消；1 架波音 777 飞机从北京到上海来回旅程约 4h，1 天 1 个来回，1 年约排放 28 032t CO_2，可被 1000hm^2人工林在 1 年中吸收的 CO_2 当量抵消；1 辆奥迪 A4 汽车 1 年的 CO_2 排放量约为 20.2t，可被 0.7hm^2人工林在 1 年中吸收的 CO_2 当量抵消。按京津风沙源治理工程区造林面积 6200 万 hm^2计算，可以抵消 1937.5 个 20 万 kW 机组每年排放的 170 073.75 万 t CO_2；可以让波音 777 飞机 1 年从北京到上海每天 1 个来回飞 62 000 万次。

森林固碳持久且稳定。森林不仅固碳量大，而且固碳时间长，只要不腐烂、燃烧，木制品固碳就会长期、稳定地持续下去。家具等木制品固碳的时间可达几十年乃至上百年；北京故宫等我国许多的古建筑所用的木材，固碳的时间长达几百年乃至上千年。因此，木材及木制品也是十分重要的碳库。而京津风沙源治理工程可以提供大量的木材等木制品，具有极大的固碳优势。

1）选择合适的人工造林树种

京津风沙源治理工程以恢复林草植被为主要手段，因此，工程产生生态影响的主要传导机制是土地利用变化促使生态系统的功能发生变化，进而可能对生物（野生动植物及植被）、土壤、水、气候产生影响。恢复林草植被的种类选择不同而具有不同的生态效益和固碳效果。

闫德仁和闫婷（2010）对内蒙古各类乔木林地研究的结果表明，杨树、榆树、云杉、樟子松的平均碳密度达21.40t/hm^2、7.33t/hm^2、45.16t/hm^2、67.44t/hm^2。以各自的成熟年限推算，则每年净固碳量达1.43t/hm^2、0.24t/hm^2、0.90t/hm^2、2.25t/hm^2（国家林业局，2014）。根据植物光合作用方程，每生产1g干物质吸收1.62g CO_2 并释放1.19g O_2 计算，工程所造乔木林年可吸收 CO_2 3.1万t，释放 O_2 2.3万t。由中国平均造林固碳成本260.17元/t·C，制氧成本352.93元/t·O（王昌海等，2011），可得年均造林固碳、释氧收益分别为804.74万元、798.06万元。曹晓阳（2013）在对山西南部主要造林树种固碳速率的研究中得出固碳速率从大到小顺序为辽东栎[20.56t/(hm^2·a)]>刺槐[18.31t/(hm^2·a)]>油松[17.23t/(hm^2·a)]>山杨[10.02t/(hm^2·a)]>落叶松[6.02t/(hm^2·a)]。因此根据不同的立地条件选择合适的树种进行人工林种植可以提高固碳速率、年净固碳量。

2）搭配不同树种的组合种植

人工林种植多纯林，其在开始生长迅速、适应性强，经济效益、生态效益和社会效益均较高。但经过一段时间的种植，地力衰退，抵抗虫害危险性增大，生态系统的稳定性和多样性均下降。冀北山地的落叶松人工林因是速生木材林而得到广泛引种。面临地力下降等问题时，“引针入阔”、不同树种组合的方式是很好的解决措施。“引针入阔”的营林模式，即在桦、杨、柞等阔叶林采伐迹地上或林冠下人工引进针叶目的树种，使华北落叶松、油松、云杉等针叶树种和天然林木有机结合，培育成了不同形式的针阔混交林及针叶纯林。姜鹏等（2015）在木兰围场研究表明落叶松-杨桦混交林比落叶松人工林、白桦天然次生林、山杨天然次生林有较高的增产效益。且落叶松-杨桦混交林中落叶松、白桦、山杨比各自的人工林或天然林胸径分别高 6.7%、12.8%和4.1%，平均树高分别高出 12.1%、1.4%和11.1%。落叶松-杨桦混交林中落叶松、白桦、山杨的固碳增幅分别为 29.74%、28.36% 和 34.52%，而落叶松人工林固碳量增幅为 27.09%，白桦天然次生林固碳量增幅为 26.34%，山杨天然次生林固碳量增幅为 26.24%，即落叶松-杨桦混交林中落叶松、白桦、山杨固碳量的增幅分别高于所对应树种 2.65 个百分点、2.02 个百分点和 8.18 个百分点。由此可见混交林模式不仅有助于提高生产力，而且具有比纯林更好的固碳效应。值得注意的是混交林模式应以随机间距为主，斑块混交，样地内间有其他伴生树种。

3）注重林龄对固碳效应的影响

实现京津风沙源治理工程可持续经营角度研究提高固碳效应，林龄的作用不能忽视。在我国森林里，幼林龄占 80% 以上，可以看出森林植被具有巨大的固碳潜力。IPCC 提出的森林 CO_2 吸收量公式为 CO_2 吸收量=森林面积×单位面积生物量的生长量×换算系数（碳量换算系数为 0.5，CO_2 换算系数为 22/12）。单位面积生物量的生长量决定于立地条件和森林类型。当立地条件和森林类型相同时，林龄成为很重要的因素，不同发育阶段的森林，单位面积的年固碳速度各不相同。一般在幼龄阶段，固碳速度提高得很快并达到高峰，进入成熟阶段则持续下降，直至老龄阶段。成熟林、过熟林生长趋于平缓，如果合理采伐利用，一方面，90%的林木仍以实物形态长期储存碳；另一方面，采伐地更新造林，可为森林固碳提供新的空间。第六次全国森林资源清查期间，我国年均采伐消耗量3.65亿 m^3，折合新增243.59万 hm^2 采伐迹地。要采取有力措施，使更新跟上采伐，力争使再造林形成的森林固碳能力每年达到0.57亿t。

于洋（2014）认为生态系统碳吸收潜力取决于生态系统的类型和环境状况，即生态系统的物种组成、结构和年龄分布等。不同生长阶段的生理特征差异不仅会影响植物的成活率，也会影响植被碳库的分布特征，还会影响土壤理化性质。因此，林龄与生物量和生产力密切相关。在生态环境脆弱的风沙源地区，土壤异质性较强，生态系统植被恢复对环境的影响是一个动态过程。在这个过程中，植被地上生物量与土壤有机碳含量都会随着林龄的增加发生变化。

在植被恢复的过程中，林龄是决定土壤有机碳和植被生产力影响的关键因子之一。Peichl和Arain（2006）对地上生物量随年代序列的变化的研究发现，随林龄增加，地上生物量成为该生态系统碳库的重要组分。许多研究表明土壤有机碳含量随林龄的增加呈现显著的增加趋势，土壤表层土壤有机碳和全氮随固沙年代的增加而显著增加，容重降低。随着林龄的增加，地上生物量的分配在不同阶段出现不同的变化。植被恢复增加了土壤的碳汇功能，提高了生态系统的生产力。

4）适度的人为干扰可以增加碳汇

植被恢复与重建是防治土壤荒漠化的有效方式。人工固沙植被具有多种生态服务功能。其中，固碳功能是生态系统的一个非常重要的服务功能。造林与再造林意味着土地利用方式的改变，尤其在干旱半干旱地区能够提高生态系统的服务功能。

刘迎春等（2011）认为造林后的油松林和刺槐林生态系统的植被、凋落物及土壤碳储量逐渐增加；在没有人为干扰的情况下，19年生、27年生、36年生、86年生油松林生态系统碳储量分别为70.76t/hm^2、143.43t/hm^2、167.30t/hm^2、271.23～332.26t/hm^2；8年生、17年生、39年生刺槐林生态系统碳储量分别为80.37t/hm^2、94.08t/hm^2、140.77t/hm^2。受间伐干扰，45年生、52年生油松林生态系统碳储量分别为136.42t/hm^2、168.56t/hm^2，相对于没有人为干扰的油松林，其植被碳储量明显下降，而土壤碳储量保持稳定甚至升高。受乱砍滥伐干扰的71年生油松林和56年生刺槐林的生态系统碳储量分别为118.87t/hm^2、76.99t/hm^2，相对于没有人为干扰的森林，其植被碳储量和土壤碳储量均呈明显下降趋势。种植油松林之后的86年时间内，其生态系统固碳潜力为211.61～272.64t/hm^2；而种植刺槐林在39年时间内的生态系统固碳潜力为81.15t/hm^2。

郭月峰等（2013）研究了退牧还林对生态系统碳储量的影响，将未退牧的天然草地生态系统碳储量作为初始植被类型的碳储量，结果表明退牧后生态系统的生物量碳储量、凋落物碳储量基本随退牧年限的增加而增加，土壤碳储量随退牧年限的增加呈现先减小后增加的趋势。长期看来，研究区退牧还林对提高生态系统碳汇能力是客观的、积极的。

采伐干扰对森林碳汇也有一定的影响，通过采伐方式（皆伐和择伐）和采伐强度来影响。择伐由于改变了微气候（土温升高、湿度加大）促进凋落物层碳分解及减少凋落物输入限制碳积累而使地被物层的碳储量降低，且降低幅度随择伐强度增大而加大。牟长城等（2013）分析了不同采伐强度（未采伐——对照、轻度择伐——25%、中度择伐——35%、强度择伐——50%）下落叶松-苔原沼泽的植被生物量、碳含量、碳储量、净初级生产力及年净固碳量的变化，揭示了采伐干扰（5 年）后，择伐降低了不同采伐强度样地的生物量 8.7%～34%（$P<0.05$），且随择伐强度增大而递减的变化规律；择伐对乔木碳含量的改变较灌木和草本大，即择伐使兴安落叶松和白桦的树干与树叶碳含量降低了 4.1%～11.7%（$P<0.05$），轻度和强度择伐使灌木层与凋落物层的碳含量分别降低了 3.8%～5.9% 和 6.0%～7.5%（$P<0.05$），对草本层碳含量基本无影响；择伐降低植被碳储量，且随择伐强度增大而递减；但轻度和中度择伐可以提高净初级生产力与碳吸纳能力。因此，从提高森林植被净初级生产力与固碳能力考虑，采取轻度和中度择伐方式比较适宜。

由此看来，退牧还林、轻度和中度择伐有助于森林固碳，而乱砍滥伐、强度择伐则显著降低固碳量。

5）加强灌草固碳的认识

灌木因地上多分枝的茎与近地的树冠具有很强防风固沙能力，且根系分布深且具备较强的抗旱特征以及对恶劣环境的适应能力，广泛用于植被恢复工程中，在脆弱生态系统重建过程中扮演重要的角色。灌木在我国分布广泛且是生态系统中重要的碳汇，1982～1999 年中国灌丛（2.15 亿 hm^2）土壤有机碳年均增加（39.4±9.0）Tg，高于森林、草地和农田（于洋等，2015）。柳属灌木对干旱环境适应较强且常用于风沙防治工程中。经过 20 多年的柠条锦鸡儿、沙柳等六种灌木的种植，灌木林地土壤有机质含量比对照提高 3.4～8.2 倍。

草地碳主要储存于土壤有机质中。草地土壤有机碳库的微小变化都会对大气 CO_2 的浓度产生重要影响，因而其变化和调控机制是草地碳循环研究的核心。草地生态建设工程能够通过优化的草地管理措施或土地利用方式对土壤有机碳库产生显著影响。因此，研究草地生态工程对草地土壤有机碳库的影响对全球碳循环研究具有重要意义，亦是评估草地生态建设工程成效的重要内容。近年来我国实施的草地生态建设研究表明，近年来我国实施的草地生态建设工程中所采取的管理措施，如人工种草、围栏、禁牧、改良与合理刈割，均显著提高了土壤有机碳储量。目前，系统探讨京津风沙源治理工程所引起的草地土壤库变化的研究仍相对缺乏。

研究区京津风沙源治理工程中的草地治理，主要包括人工种草、飞播牧草和围栏封育 3 种管理措施。张良侠等（2014）认为 2000 ~ 2006 年，研究区草地土壤有机碳库整体呈逐年增加趋势。与 1999 年相比，2006 年草地土壤有机碳库增加 1.7%，表现为碳汇特征，土壤有机碳固定速率为 0.11t/(hm^2 · a)。就草地土壤有机碳库而言，除飞播+中牧与飞播+重牧外，其余各管理措施下土壤有机碳库均呈现逐年增加趋势。其中，围栏封育的土壤有机碳库增加量最大，其次为人工种草，飞播+适牧最小。若从土壤有机碳密度的情况看，人工种草的土壤有机碳密度增加最快，速率为 0.25t/(hm^2 · a)，其次为飞播+适牧和围栏封育，飞播+轻牧最慢；低地草甸和温性草甸草原的土壤有机碳密度增量较大，速率均为 0.14t/(hm^2 · a)，其次为温性草原，温性荒漠草原最小。就草地土壤碳汇效益分析，2006 年，工程区草地土壤整体碳汇价值为 2.97 亿元，管理成本为 2.93 亿元，碳汇效益为 0.04 亿元。其中，围栏封育、飞播+适牧和飞播+轻牧 3 种管理类型下存在土壤碳汇效益，以围栏封育的碳汇效益最大，其次为飞播+轻牧和飞播+适牧。在不考虑草地利用程度（即适牧）的条件下，3 种管理措施中人工种草的固碳成本最高，飞播牧草的固碳成本最低。

不同管理措施下，草地土壤达到潜在最大有机碳密度的时间存在较大差异。若飞播牧草的草地合理利用，人工种草的草地达到最大土壤有机碳密度的时间最短，其次为飞播牧草，围栏封育最慢。然而，若飞播牧草下草地仍按目前放牧强度持续放牧，其对应的 4 种管理类型中，只有飞播+适牧和飞播+轻牧能够达到最大土壤有机碳密度。草地管理能够通过各种影响土壤有机碳库输入的改良方式（如灌溉、施肥和围栏等）改变土壤有机碳库。有研究表明，人工种草通过种植生产力较高的品种、灌溉旱地及对贫瘠土地的施肥显著增加植被地下生物量，进而导致土壤有机碳储量增加。同样，通过围栏封育减少了动物干扰，增加了植被生物量和有机质向土壤的输入量，引起土壤有机碳库增加。其中，人工种草措施下草地土壤的固碳速率最快，其原因可能是与围栏封育和飞播牧草下仅进行围栏或播种单一管理方式相比，该措施所进行的播种、施肥和灌溉等多种管理方式能更有效地提高草地生物量，对土壤有机碳库的贡献较大。另外，3 种管理措施中以飞播牧草的固碳成本最低。从经济学角度考虑，低投入即可获得较高的碳增汇效应的管理措施应优先选用，并鼓励大面积推广。从本研究结果来看，飞播牧草这种管理措施应大力推广。然而，工程区内存在的持续过度放牧使 2000 ~ 2006 年飞播+中牧和飞播+重牧管理类型下草地土壤表现为碳源（表 7-1）。过度放牧会减少草地地上生物量和根系生物量向土壤有机碳库的输入，同时牲畜的踩压使表层土壤板结，增加了土壤有机质的分解，从而造成草地土壤有机碳库的损失。在锡林郭勒盟的温性草原，站点观测数据表明 0 ~ 30cm 土层的土壤有机碳储量随着放牧强度的增加呈线性下降。

李凌浩和陈佐忠（1998）、Zhao 等（2007）在锡林郭勒盟的研究也表明，放牧会减少土壤有机碳含量。因此，在生态建设工程区内，需要对草地的利用程度进行合理调控，通过人为辅助措施来加速或调整草地的恢复，才能保证草地碳增汇的实现。就草地类型而言，研究时段工程区低地草甸、温性草甸草原、温性草原和温性荒漠草原4 种草地类型的土壤有机碳储量均有所增加（表 7-2），其中，低地草甸和温性草甸草原的土壤固碳速率较快，这可能是因为两种草地类型的生境条件相对较好，具有较大的生产力，在相同管理措施下，具有较快的土壤有机碳固定速率。因此，在优质草原区，应优先实施草地管理措施，改变不合理的草地利用方式，从而促进草地土壤对有机碳的固定。

表 7-1　2000～2006 年工程区各管理措施下草地土壤有机碳储量

（碳储量单位：万 t）

管理措施	2000 年	2001 年	2002 年	2003 年	2004 年	2005 年	2006 年	2006 年较 1999 年增加量	
								土壤有机碳储量	土壤有机碳密度 /(t/hm^2)
人工种草	170. 59	171. 39	172. 35	173. 30	174. 49	175. 82	177. 18	6. 96	1. 73
围栏封育	2827. 00	2828. 68	2833. 07	2851. 20	2864. 15	2879. 70	2879. 70	52. 79	0. 79
飞播+适牧	19. 82	19. 93	19. 90	20. 00	20. 12	20. 26	20. 38	0. 59	1. 26
飞播+轻牧	84. 25	84. 32	84. 49	84. 74	85. 05	85. 38	85. 74	1. 49	0. 75
飞播+中牧	24. 71	24. 65	24. 55	24. 36	24. 24	23. 90	23. 65	-1. 06	-1. 81
飞播+重牧	16. 46	16. 37	16. 23	15. 96	15. 65	15. 30	14. 95	-1. 51	-3. 87
合计	3142. 83	3145. 24	3150. 59	3158. 96	3170. 65	3184. 81	3201. 60	59. 26	0. 80

资料来源：张良侠等，2014

表 7-2　2000～2006 年各草地类型土壤有机碳储量和土壤有机碳密度变化量

草地类型	土壤有机碳储量/万 t	土壤有机碳密度/(t/hm²)
低地草甸	9.89	0.98
温带草甸草原	9.45	0.96
温性草原	33.02	0.77
温性荒漠草原	6.90	0.60
合计	59.26	0.80

资料来源：张良侠等，2014

即使工程区内持续实施草地生态建设工程，草地土壤达到最大有机碳密度仍是一个相当长期的过程，相对而言，土壤固碳速率较快的人工种草所需的时间较短，为 57.75 年，这表明草地恢复治理是一项长期艰巨的任务。在京津风沙源治理工程区，应按照长期管护、巩固成果的需求，建立生态保护和管理的长期机制。

6）建立工程建设的长效机制

要提高工程的生态效益，不能靠大量增加林业从业人数的方法，需要走新型林业发展道路。建立健全工程建设的监测体系、标准体系、考核评价体系；研究制定指导性意见，采取财政贴息、税费减免等综合措施，对生态建设工程的后续产业发展予以扶持，促其加快发展；增加补植补造、病虫害防治、防火等专项资金，加强工程后期管护；落实重点科技支撑项目，加强科技支撑投入，提高工程科技含量；继续探索多元化投入机制和有效管护机制，广泛吸引社会资金，加快生态治理。

通过数据分析，得出森林面积覆盖增加率与工程每年增加的总生态效益具有正相关关系，故增强林木养护管理工作是不可或缺的，通过完善管护责任制，签订护林合同，落实管护责任，做好森林消防、病虫害防治、林木抚育等养护管理工作，来提高林分质量和林木保存率，切实巩固建设成果，以达到增加生态效益的目的。

加大对森林火灾、病虫害和非法征占用林地行为的防控力度，以减少森林的碳排放。森林火灾、病虫害和非法征占用林地等都会释放一定的 CO_2。特别是森林火灾，不仅会造成严重的资源损失，还是森林排放 CO_2 的主要原因。中华人民共和国成立以来，我国年均发生森林火灾 1.3 万起，受害森林面积为 66.5 万 hm^2。要进一步加强宣传教育，提高全社会的防火意识，重视防扑火队伍和基础设施建设，提高装备水平，完善应急管理，增强综合防控能力，减少森林火灾的发生和损失，降低森林火灾的碳排放量。

对于特殊地区，生态效益的提高需要从多方面入手，同时兼顾其与经济效益、社会效益的协调。应该适度增加投资标准或予以困难地补助，合理安排困难地造林任务，充分发挥林业建设对农户生活改善的作用，如发展林下经济，推进后续产业建设。

京津风沙源治理工程的生态影响效果评估是对工程实施后造成生态影响结果的数量化评估。目前工程生态影响评估研究呈现出的特点是：一是工程实施时间相对较长，可能产生的诸多生态影响在短期内难以显现，再加上生态影响价值评估较为困难等原因，目前多数京津风沙源治理工程的生态影响评估都是利用监测或实地定位观测数据对工程实施后的生态影响效果进行评估，主要选取植被覆盖面积和生态环境问题控制程度等指标，从数量方面（如反映森林资源变动的林业用地面积、有林地面积和森林覆盖率的增加，反映土地质量的水土流失面积和沙化土地面积减少，以及反映沙尘天气的扬沙日数和次数减少）来评估工程实施的生态影响。二是多数京津风沙源治理工程的生态影响评估都是对工程生态效益的评估。生态效益是指工程实施对人类的生产条件、生活条件和环境条件产生的有益影响与有利效果，这就意味着现有研究多数是对工程正向生态影响的效果评估。

上述已有研究利用各种技术方法和实地调查数据，对不同工程实施区工程带来的生态影响进行了评估与研究，这些都为未来进一步的评估研究奠定了理论和方法基础。但是生态影响评估是一个十分复杂的问题，客观上，受工程实施时间以及工程生态影响范围广、内容多、作用复杂等因素的制约，现有研究还有一些不足，具体如下。

首先，与工程的社会经济影响评估研究相比，生态影响方面的评估研究还相对较少，而且在有限的生态影响评估研究中，定量评估相对于定性评估而言，也相对较少。

其次，现有研究在工程生态影响识别与确定过程中，多是从理论出发，主要是依据现有森林生态系统所具备的生态防护功能来识别并确定评估角度的，对于恢复和重建生态系统而言，其适用性未知。

再次，工程实施区生态环境的变化既受诸如气候变化、各种环境因素等自然因素的影响，也受各种人为活动和政策层面因素的影响，现有研究还不能准确分离出工程产生的生态影响和净影响。

最后，现有研究较多关注的是工程实施后的生态效益，较少关注工程实施是否会带来负面影响，以及还会产生哪些潜在影响。

参考文献

曹晓阳 . 2013. 山西中南部主要造林树种固碳能力研究 . 北京：北京林业大学 .

段晓男，王效科，逯非，等 . 2008. 中国湿地生态系统固碳现状和潜力 . 生态学报，28（2）：463-469.

方精云，刘国华，徐嵩龄 . 1996. 我国森林植被的生物量和净生产量 . 生态学报，16（5）：497-508.

高尚玉，张春来，邹学勇，等 . 2012. 京津风沙源治理工程效益 . 2 版 . 北京：科学出版社 .

葛之葳 . 2009. 新疆速生杨农田防护林土壤呼吸及固碳效益研究 . 北京：北京师范大学 .

郭然，王效科，逯非，等 . 2008. 中国草地土壤生态系统固碳现状和潜力 . 生态学报，28（2）：862-867.

郭月峰，姚云峰，秦富仓，等 . 2013. 燕山典型流域两种造林树种生态系统碳储量及固碳潜力研究 . 生态环境学报，22（10）：1665-1670.

国家林业局 . 2014. 2013 年退耕还林工程生态效益监测国家报告 . 北京：中国林业出版社 .

韩冰，王效科，逯非，等 . 2008. 中国农田土壤生态系统固碳现状和潜力 . 生态学报，28（2）：612-619.

何东进，何小娟，洪伟，等 . 2009. 森林生态系统粗死木质残体的研究进展 . 林业科学研究，22（5）：715-721.

黄锦学，黄李梅，林智超，等 . 2010. 中国森林凋落物分解速率影响因素分析 . 亚热带资源与环境学报，5（3）：56-63.

黄永梅，刘鸿雁，崔海亭 . 2001. 内蒙古高原东南缘森林草原过渡带景观的若干特征 . 植物生态学报，25（3）：257-264.

姜鹏，张绍轩，任佳佳，等 . 2015. 木兰围场典型落叶松–杨桦混交林生物量及固碳能力 . 生态学报，35（9）：2937-2945.

李凌浩，陈佐忠 . 1998. 草地生态系统碳循环及其对全球变化的响应：Ⅰ. 碳循环的分室模型、碳输入与贮量 . 植物学通报，15（2）：14-22.

林清山，洪伟 . 2009. 中国森林碳储量研究综述 . 中国农学通报，25（6）：220-224.

刘恩，王晖，刘世荣 . 2012. 南亚热带不同林龄红锥人工林碳贮量与碳固定特征 . 应用生态学报，23（2）：335-340.

刘迎春，王秋凤，于贵瑞，等 . 2011. 黄土丘陵区两种主要退耕还林树种生态系统碳储量和固碳潜力 . 生态学报，31（5）：4277-4286.

罗云建，张小全，王效科 . 2009. 森林生物量的估算方法及其研究进展 . 林业科学，45（8）：129-134.

罗云建，王效科，张小全，等 . 2013. 中国森林生态系统生物量及其分配研究 . 北京：中国林业出版社 .

马钦彦，陈遐林，王娟，等 . 2002. 华北主要森林类型建群种的含碳率分析 . 北京林业大学学报，24（5-6）：96-100.

牟长城，卢慧翠，包旭，等 . 2013. 采伐干扰对大兴安岭落叶松–苔草沼泽植被碳储量的影响. 33（17）：5286-5298.

覃章才，黄耀 . 2010. 基于模型的农田土壤固碳潜力估算 . 中国科学：生命科学，40（7）：658-676.

王昌海，温亚利，李强，等 . 2011. 秦岭自然保护区群生态效益计量研究 . 中国人口 · 资源与环境，21（6）：125-134.

王效科，冯宗炜，欧阳志云 . 2001. 中国森林生态系统的植物碳储量和碳密度研究 . 应用生态学报，12（1）：13-16.

王玉辉，周广胜，蒋延玲，等 . 2001. 基于森林资源清查资料的落叶松林生物量和净生长量估算模式 . 植物生态学报，25（4）：420-425.

魏绍成，王秋月，刘显芝，等 . 1994. 大兴安岭中段东西两侧植被的分异性 . 草业学报，3（2）：12-19.

吴瑾，吴克宁，赵华甫，等 . 2010. 土壤有机碳储量估算方法及土地利用调控措施研究进展 . 中国土地科学，24（10）：18-24.

吴庆标，王效科，段晓男，等 . 2008. 中国森林生态系统植被固碳现状和潜力 . 生态学报，28（2）：517-524.

闫德仁，闫婷. 2010. 内蒙古森林碳储量估算及其变化特征. 林业资源管理，(3)：31-33.

杨玉姣，陈云明，曹扬. 2014. 黄土丘陵区油松人工林生态系统碳密度及其分配. 生态学报，34（8）：2128-2136.

于贵瑞，王秋凤，刘迎春，等. 2011. 区域尺度陆地生态系统固碳速率和增汇潜力概念框架及其定量认证科学基础. 地理科学进展，30（7）：771-787.

于洋. 2014. 高寒沙地不同林龄乌柳人工防护林固碳功能. 北京：中国林业科学研究院.

于洋，贾志清，朱雅娟，等. 2015. 高寒沙地乌柳防护林碳库随林龄的变化. 生态学报，35（6）：1752-1760.

余新晓，谷建才，岳永杰，等. 2010. 林业生态工程效益评价. 北京：科学出版社.

曾伟生，陈雪峰. 2006. 论广西一元立木材积表的改进方法. 中南林业调查规划，2：1-3.

张灏. 2011. 新编木材材积手册. 北京：金盾出版社.

张良侠，樊江文，张文彦，等. 2014. 京津风沙源治理工程对草地土壤有机碳库的影响——以内蒙古锡林郭勒盟为例. 应用生态学报，25（2）：374-380.

张楠楠，张万军，曹建生，等. 2015. 河北 38°N 生态样带土壤有机碳特征. 中国生态农业学报，10：1277-1284.

张全智. 2010. 东北六种温带森林碳密度和固碳能力. 哈尔滨：东北林业大学.

张田田. 2012. 华北落叶松人工林生物量与碳储量的研究. 北京：北京林业大学.

赵昕，张万军，沈会涛，等. 2014. 针阔树种人工林地表凋落物对土壤呼吸的贡献. 中国生态农业学报，11：1318-1325.

中国科学院内蒙古宁夏综合考察队. 1985. 内蒙古植被. 北京：科学出版社.

周涛，史培军，贾根锁，等. 2010. 中国森林生态系统碳周转时间的空间格局. 中国科学：地球科学，40（5）：632-644.

周玉荣，于振良，赵士洞. 2000. 我国主要森林生态系统碳贮量和碳平衡. 植物生态学报，24（5）：518-522.

Arevalo C B M，Bhatti J S，Chang S X，et al. 2011. Land use change effects on ecosystem carbon balance：From agricultural to hybrid poplar plantation. Agriculture Ecosystems & Environment，141：342-349.

Binkley D，Kaye J，Barry M，et al. 2004. First- rotation changes in soil carbon and nitrogen in a Eucalyptus plantation in Hawaii. Soil Science Society of America Journal，68：1713-1719.

Bisbing S M, Alaback P B, DeLuca T H. 2010. Carbon storage in old-growth and second growth fire-dependent western larch (*Larix occidentalis* Nutt.) forests of the Inland Northwest, USA. Forest Ecology and Management, 259: 1041-1049.

Cao J X, Wang X P, Tian Y, et al. 2012. Pattern of carbon allocation across three different stages of stand development of a Chinese pine (*Pinus tabulaeformis*) forest. Ecological Research, 27: 883-892.

Chang R Y, Fu B J, Liu G H, et al. 2012. The effects of afforestation on soil organic and inorganic carbon: A case study of the Loess Plateau of China. Catena, 95: 145-152.

Chen X G, Zhang X Q, Zhang Y P, et al. 2009. Carbon sequestration potential of the stands under the Grain for Green Program in Yunnan Province, China. Forest Ecology and Management, 258: 199-206.

Devi B, Bhardwaj D R, Panwar P, et al. 2013. Carbon allocation, sequestration and carbon dioxide mitigation under plantation forests of north western Himalaya, India. Annals of Forest Research, 56: 123-135.

Dixon R K, Solomon A, Brown S, et al. 1994. Carbon pools and flux of global forest ecosystems. Science, 263: 185-190.

Elias M, Potvin C. 2003. Assessing inter-and intra-specific variation in trunk carbon concentration for 32 neotropical tree species. Canadian Journal of Forest Research, 33: 1039-1045.

Fan S, Gloor M, Mahlman J, et al. 1998. A large terrestrial carbon sink in North America implied by atmospheric and oceanic carbon dioxide data and models. Science, 282: 442-446.

Fang J Y, Chen A P, Peng C H, et al. 2001. Changes in forest biomass carbon storage in China between 1949 and 1998. Science, 292: 2320-2322.

Groot W J, Landry R, Kurz W A, et al. 2007. Estimating direct carbon emissions from Canadian wildland fires. International Journal of Wildland Fire, 16 (5): 593-606.

Harmon M E, Whigham D F, Sexton J, et al. 1995. Decomposition and mass of woody detritus in the dry tropicalforests of the northeastern Yucatan Peninsula, Mexico. Biotropica, 305-316.

He Y J, Qin L, Li Z Y, et al. 2013. Carbon storage capacity of monoculture and mixed-species plantations in subtropical China. Forest Ecology and Management, 295: 193-198.

Houghton R A. 2005. Aboveground forest biomass and the global carbon balance. Global Change

Biology, 11: 945-958.

Hu Y L, Zeng D H, Fan Z P, et al. 2008. Changes in ecosystem carbon stocks following grassland afforestation of semiarid sandy soil in the southeastern Keerqin Sandy Lands, China. Journal of Arid Environments, 72: 2193-2200.

Huang L, Liu J Y, Shao Q Q, et al. 2012. Carbon sequestration by forestation across China: Past, present, and future. Renewable and Sustainable Energy Reviews, 16: 1291-1299.

Huntington T G. 1995. Carbon sequestration in an aggrading forest ecosystem in the southeastern USA. Soil Science Society of America Journal, 59: 1459-1467.

Jackson R B, Canadell J, Ehleringer J R, et al. 1996. A global analysis of root distributions for terrestrial biomes. Oecologia, 108: 389-411.

Kimmins J P. 1987. Forest Ecology. New York: Macmillan.

Kurz W A, Dymond C C, White T M, et al. 2009. CBM-CFS3: A model of carbon-dynamics in forestry and land-use change implementing IPCC standards. Ecological Modelling, 220 (4): 480-504.

Lal R. 2002. Soil carbon sequestration in China through agricultural intensification, and restoration of degraded and decertified ecosystems. Land Degradation and Development, 13: 469-478.

Lamberty B, Gower S T. 2008. Decomposition and fragmentation of coarse woody debris: Revisiting a boreal black spruce chronosequence. Ecosystems, 11 (6): 831-840.

Lamlom S H, Savidge R A. 2006. Carbon content variation in boles of mature sugar maple and giant sequoia. Tree Physiology, 26: 459-468.

Laungani R, Knops J M H. 2009. The impact of co-occurring tree and grassland species on carbon sequestration and potential biofuel production. Global Change Biology, 1: 392-403.

Li X F, Han S J. 2008. Preservation of broadleaf species in Korean pine (*Pinus koraiensis*) plantations affects soil properties, carbon storage, biomass allocation, and available nitrogen storage. Canadian Journal of Forest Research, 38: 2227-2235.

Liski J, Palosuo T, Peltoniemi M, et al. 2005. Carbon and decomposition model Yasso for forest soils. Ecological Modelling, 189 (1): 168-182.

Liu C, Lu J Z, Yin R S. 2010. An estimation of the effects of China's Priority Forestry Programs on farmers' income. Environmental Management, 45: 526-540.

Liu X P, Zhang W J, Cao J S, et al. 2013. Carbon storages in plantation ecosystems in sand source areas of north Beijing, China. PLoS One, 12 (8): e82208.

Liu Z G, Li F R. 2003. The generalized Chapman-Richards function and applications to tree and stand growth. Journal of Forestry Research, 14 (1): 19-26.

Lu F, Wang X K, Han B, et al. 2009. Soil carbon sequestrations by nitrogen fertilizer application, straw return and no-tillage in China's cropland. Global Change Biology, 15: 281-305.

Nosetto M D, Jobbágy E G, Paruelo J M. 2006. Carbon sequestration in semi- arid rangelands: Comparison of *Pinus ponderosa* plantations and grazing exclusion in NW Patagonia. Journal of Arid Environments, 67: 142-156.

Paul K I, Polglase P J, Nyakuengama J G, et al., 2002. Change in soil carbon following afforestation. Forest Ecology and Management, 168: 241-257.

Peichl M, Arain A A. 2006. Above- and belowground ecosystem biomass and carbon pools in an age-sequence of temperate pine plantation forests. Agricultural and Forest Meteorology, 140: 51-63.

Pérez-Cruzado C, Mansilla-Salinero P, Rodríguez-Soalleiro R, et al. 2012. Influence of tree species on carbon sequestration in afforested pastures in a humid temperate region. Plant and Soil, 353: 333-353.

Piao S L, Fang J Y, Ciais P, et al. 2009. The carbon balance of terrestrial ecosystems in China. Nature, 458: 1009-1013.

Schulp C J E, Nabuurs G J, Verburg P H, et al. 2008. Effect of tree species on carbon stocks in forest floor and mineral soil and implications for soil carbon inventories. Forest Ecology and Management, 256: 482-490.

Shi J, Cui L L. 2010. Soil carbon change and its affecting factors following afforestation in China. Landscape and Urban Planning, 98: 75-85.

Sierra C A, Harmon M E, Moreno F H, et al. 2007. Spatial and temporal variability of net ecosystem production in a tropical forest: Testing the hypothesis of a significant carbon sink. Global Change Biology, 13: 838-853.

Somogyi Z, Cienciala E, Mäkipää R, et al. 2007. Indirect methods of large-scale forest biomass estimation. European Journal of Forest Research, 126: 197-207.

Taylor A R, Wang J R, Kurz W A. 2008. Effects of harvesting intensity on carbon stocks in eastern

Canadian red spruce (*Picea rubens*) forests: An exploratory analysis using the CBM- CFS3 simulation model. Forest Ecology and Management, 255 (10): 3632-3641.

Ter-Mikealian M T, Colombo S J, Chen J. 2009. Estimating natural forest fire return interval in north eastern Ontario, Canada. Forest Ecology and Management, 258 (9): 2037-2045.

Thomas S C, Malczowski G. 2007. Wood carbon content of tree species in Eastern China: Interspecific variability and the importance of the volatile fraction. Journal of Environmental Management, 85: 659-662.

Toriyama J, Kato T, Siregar C A, et al. 2011. Comparison of depth- and mass- based approaches for estimating changes in forest soil carbon stocks: A case study in young plantations and secondary forests in West Java, Indonesia. Forest Ecology and Management, 262: 1659-1667.

Trum F, Titeux H, Ranger J. et al. 2011. Influence of tree species on carbon and nitrogen transformation patterns in forest floor profiles. Annals of Forest Science, 68: 837-847.

Verma A, Tewari A, Shah S. 2012. Carbon storage capacity of high altitude *Quercus semecarpifoilia* forests of Central Himalayan region. Scandinavian Journal of Forest Research, 27: 609-618.

Wang B, Wei W J, Xing Z K, et al. 2012. Biomass carbon pools of *Cunninghamia lanceolate* (Lamb.) Hook. forests in subtropical China: Characteristics and potential. Scandinavian Journal of Forest Research, 27: 545-560.

Wang C M, Ouyang H, Shao B, et al. 2006. Soil carbon changes following afforestation with Olga Bay Larch (*Larix olgensis* Henry) in northeastern China. Journal of Integrative Plant Biology, 48: 503-512.

Wang Q K, Wang S L, Huang Y. 2008. Comparisons of litterfall, litter decomposition and nutrient return in a monoculture *Cunninghamia lanceolata* and a mixed stand in southern China. Forest Ecology and Management, 255: 1210-1218.

Wang Q K, Wang S L, Zhang J W. 2009. Assessing the effects of vegetation types on carbon storage fifteen years after reforestation on a Chinese fir site. Forest Ecology and Management, 258: 1437-1441.

Wang W J, Qiu L, Zu Y G, et al. 2011. Changes in soil organic carbon, nitrogen, pH and bulk density with the development of larch (*Larix gmelinii*) plantations in China. Global Change Biology, 17: 2657-2676.

Wang Z, Liu G B, Xu M X, et al. 2012. Temporal and spatial variations in soil organic carbon sequestration following revegetation in the hilly Loess Plateau, China. Catena, 99: 26-33.

Weishampel P, Kolka R, King J Y. 2009. Carbon pools and productivity in a 1-km^2 heterogeneous forest and peatland mosaic in Minnesota, USA. Forest Ecology and Management, 257: 747-754.

Wutzler T, Reichstein M. 2007. Soils apart from equilibrium- consequences for soil carbon budget modelling. Biogeosciences, 4 (1): 125-136.

Zhang Q Z, Wang C K. 2010. Carbon density and distribution of six Chinese temperate forests. Science China (Life Sciences), 53: 831-840.

Zhao Y, Peth S, Krummelbein J, et al. 2007. Spatial variability of soil properties affected by grazing intensity in Inner Mongolia grassland. Ecological Modelling, 205: 241-254.

Zheng H, Ouyang Z, Xu W, et al. 2008. Variation of carbon storage by different reforestation types in the hilly red soil region of southern China. Forest Ecology and Management, 255: 1113-1121.

Zhou L, Wang S Q, Kindermann G, et al. 2013. Carbon dynamics in woody biomass of forest ecosystem in China with forest management practices under future climate change and rising CO_2 concentration. Chinese Geographical Science, 23: 519-536.

附　　图

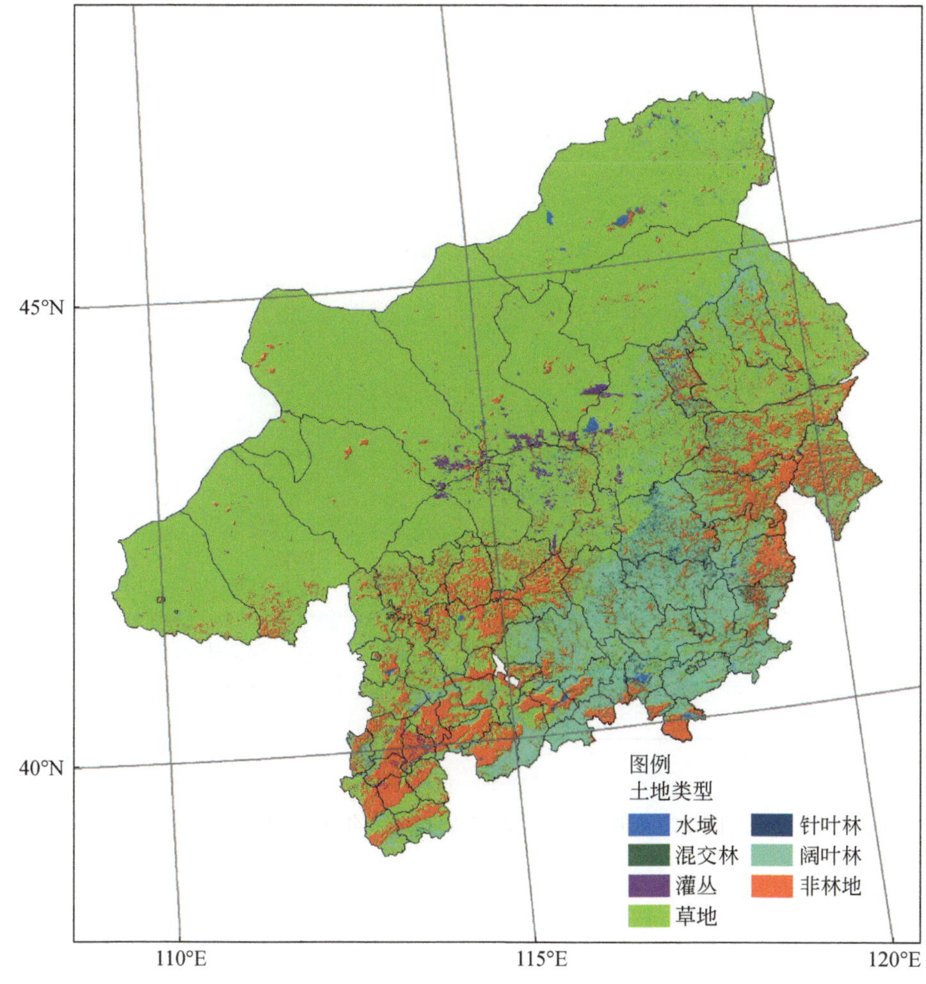

附图 1　京津风沙源治理工程区 2000 年土地利用类型

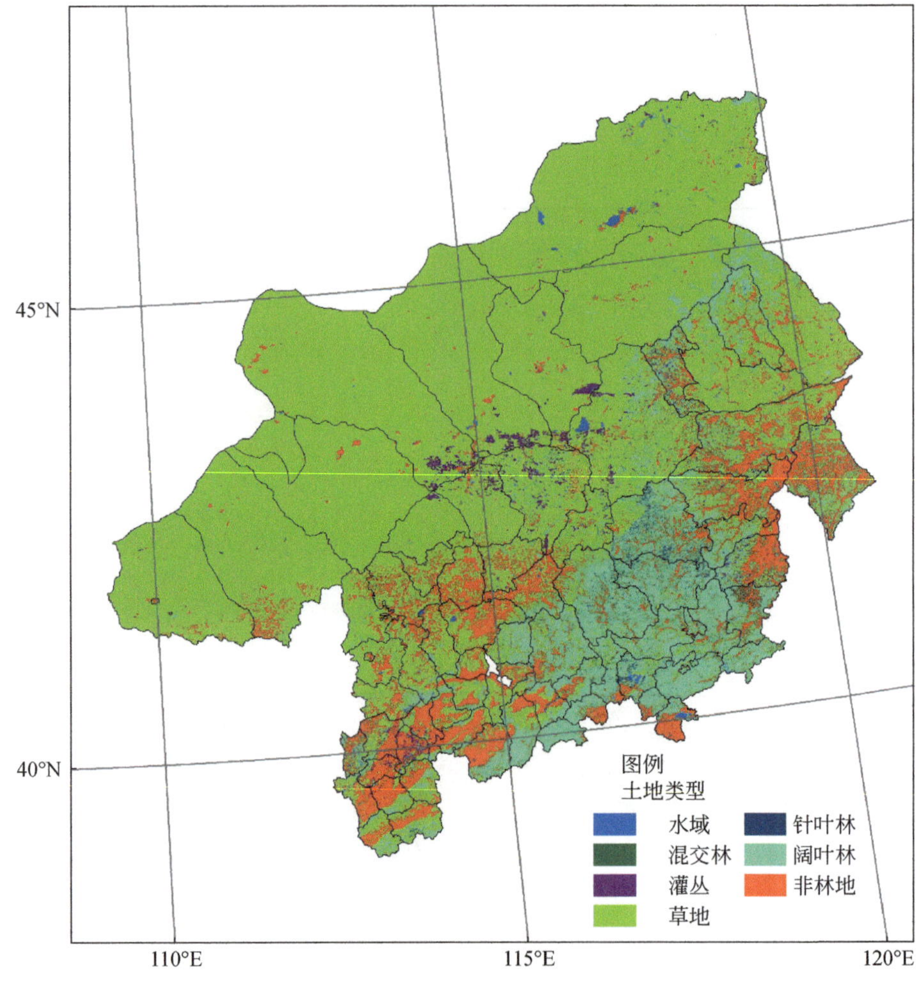

附图 2　京津风沙源治理工程区 2010 年土地利用类型

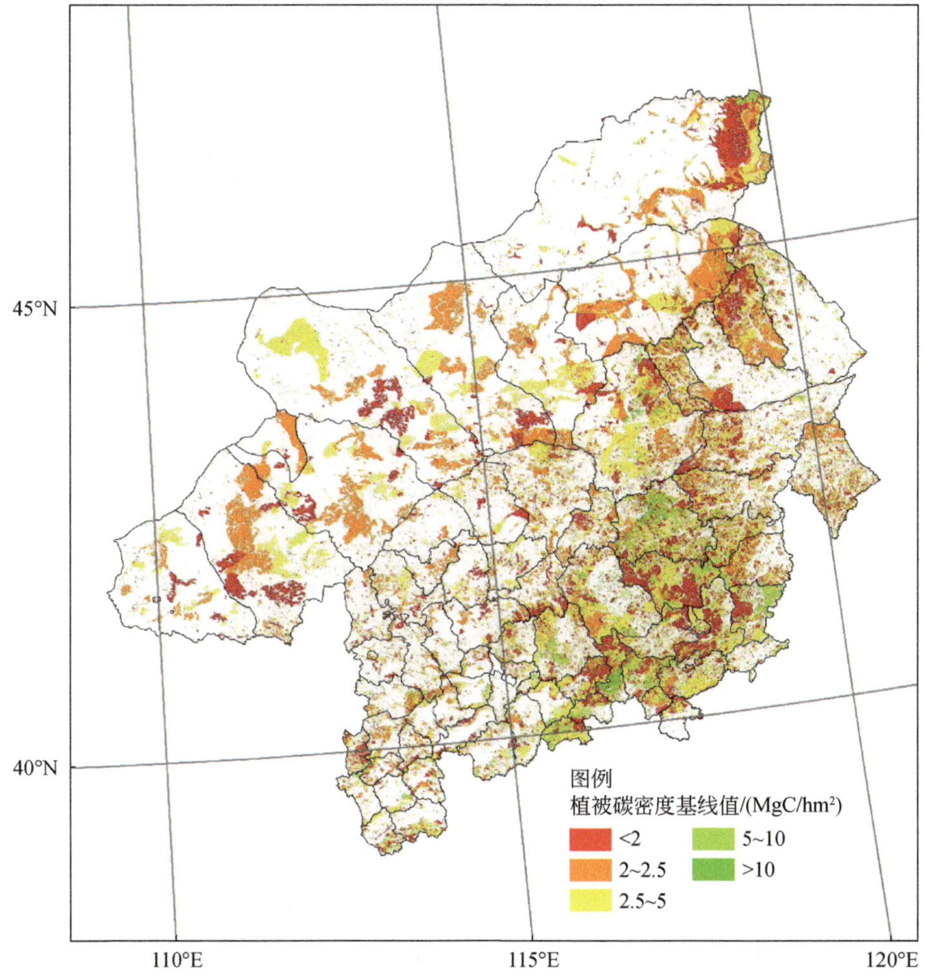

附图 3　京津风沙源治理工程区 2000 年植被碳密度

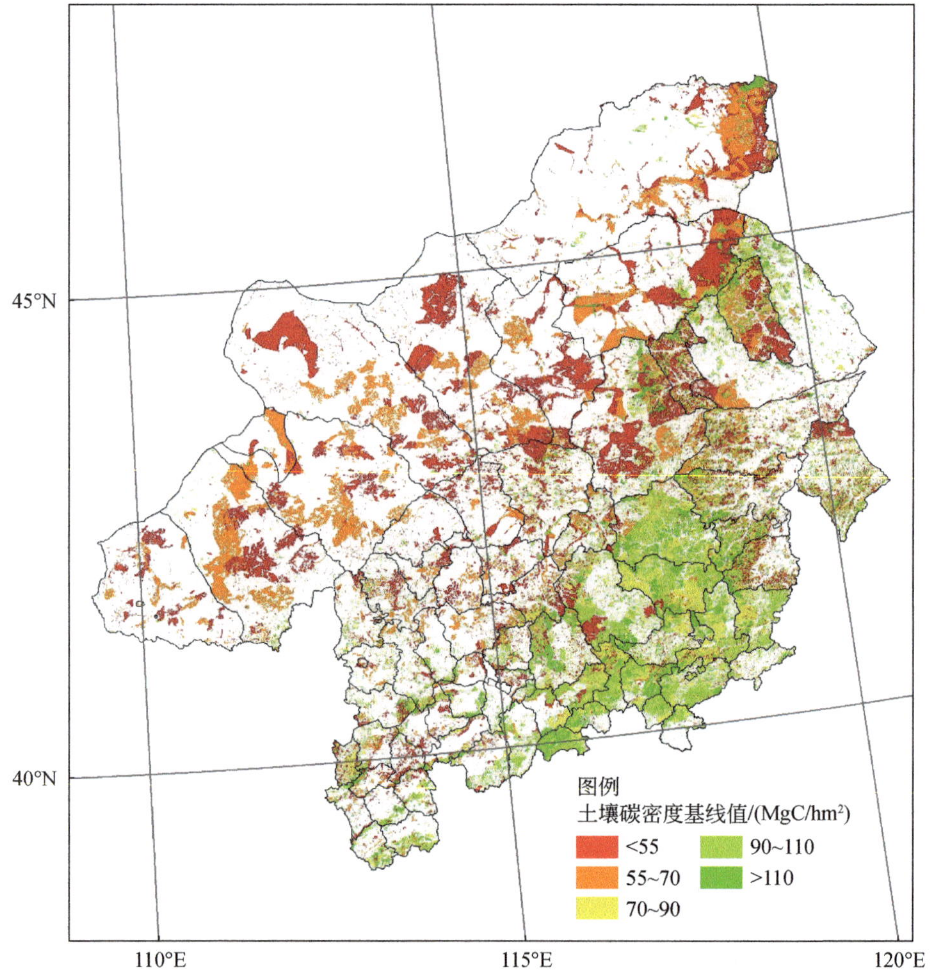

附图 4　京津风沙源治理工程区 2000 年土壤碳密度

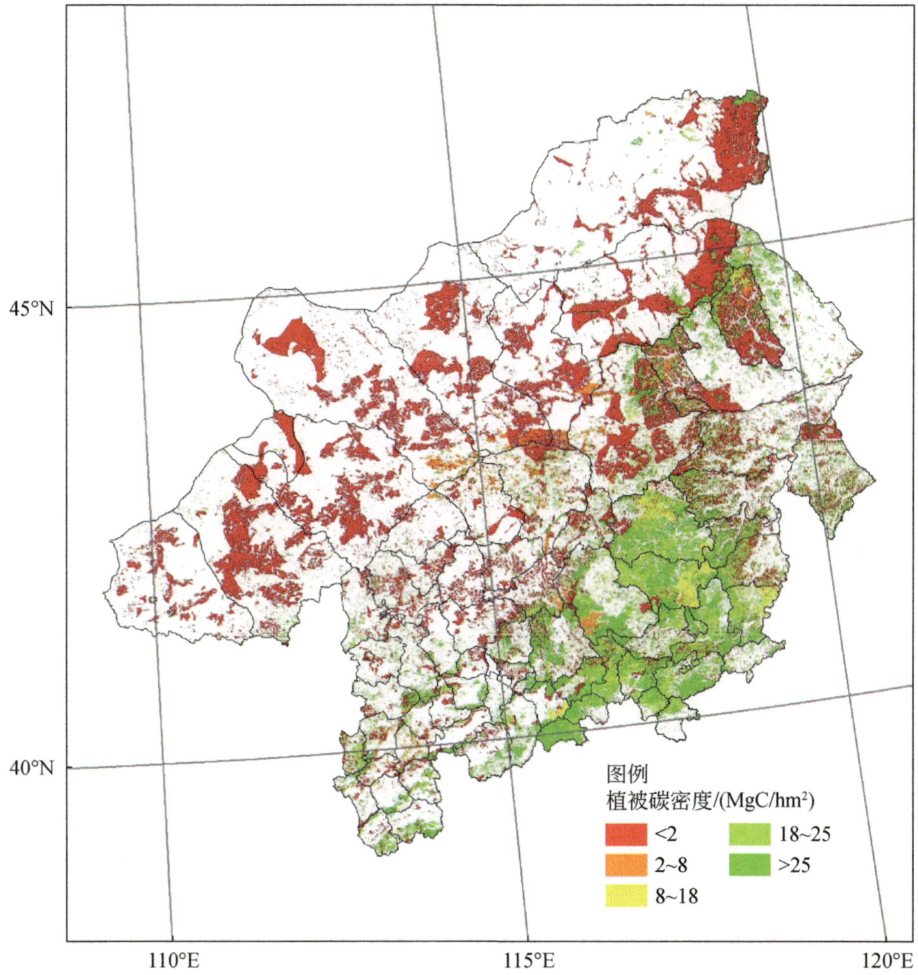

附图 5　京津风沙源治理工程区 2010 年植被碳密度

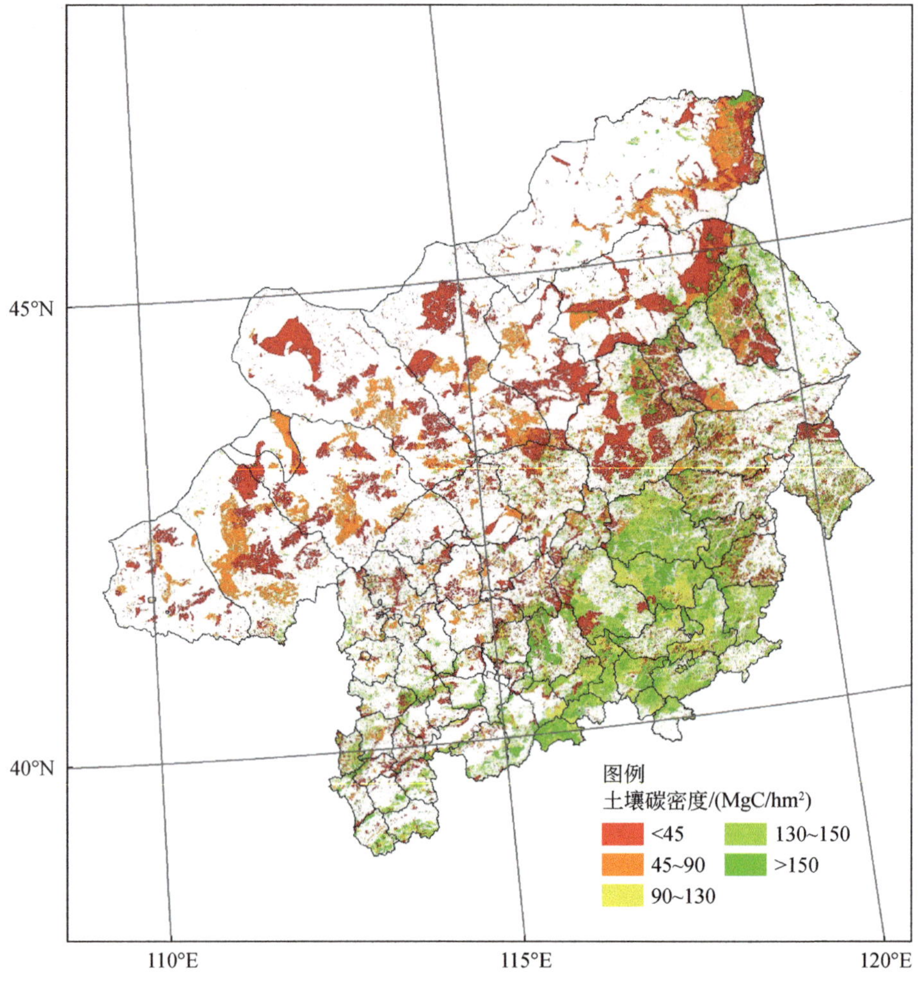

附图 6　京津风沙源治理工程区 2010 年土壤碳密度

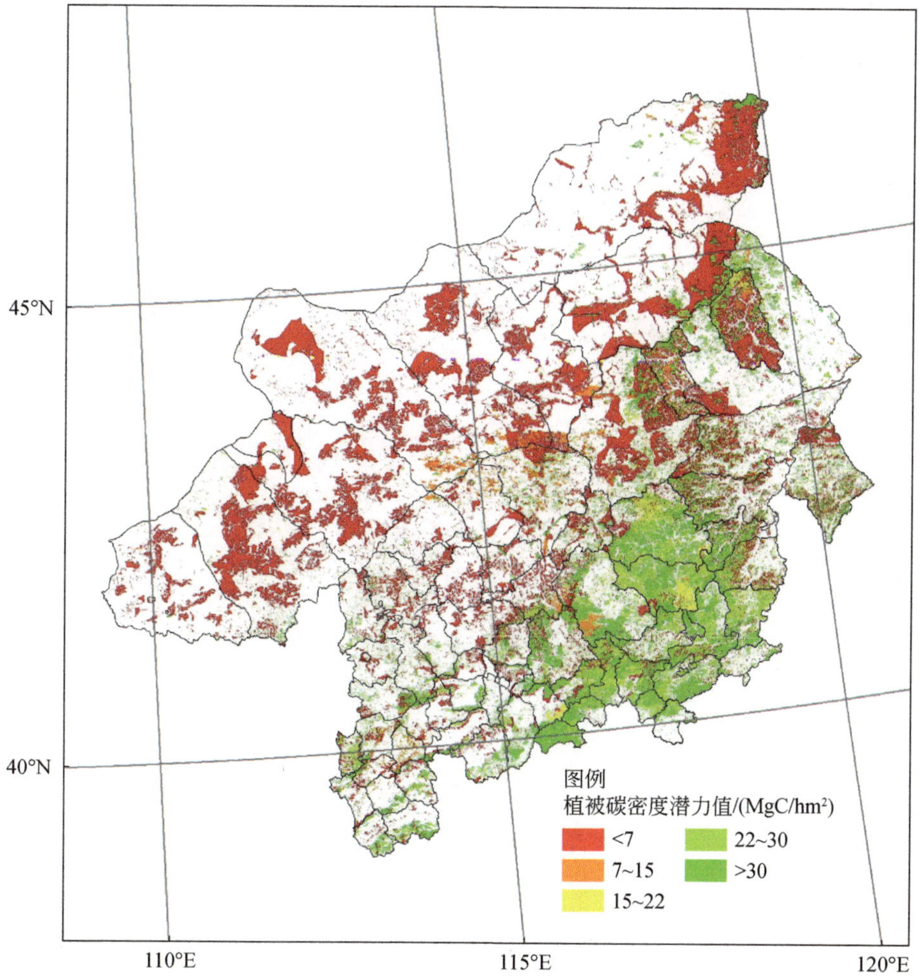

附图 7　京津风沙源治理工程区 2030 年植被碳密度

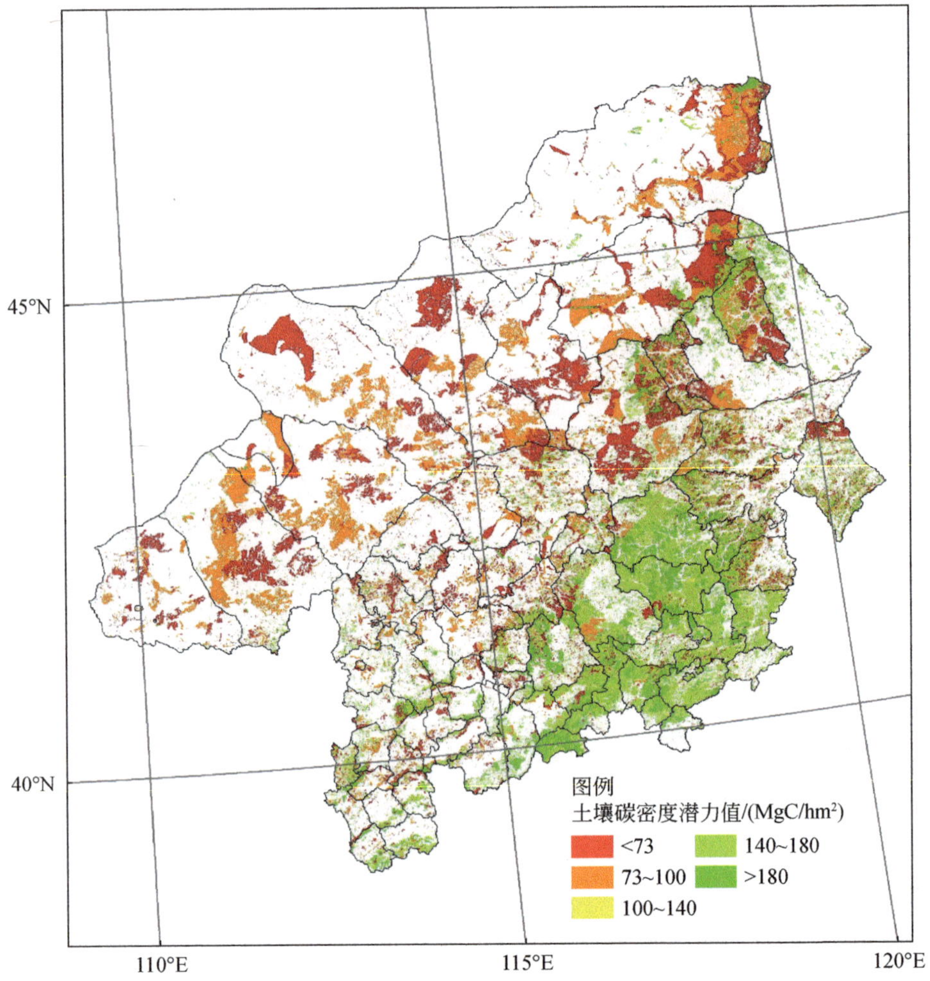

附图 8　京津风沙源治理工程区 2030 年土壤碳密度